禅味斋宴

Zen in the Kitchen

佛心禅意，百素百味

逸养健康，增寿延年

马超伟 编著

四川出版集团·四川科学技术出版社

·成都·

序言
PROLOGUE

禅心清雅，素香悠长

大凡帝王，以万乘之尊，拥举国之财，享天下之物，极尽奢华，餐宴饕餮本是顺理成章的事情，然而在中国历史上，却有一位皇帝，他不仅数次想出家，还颁布法令护持佛教，戒杀茹素，更开创了中国佛教千年延续至今的素食戒律。他就是梁武帝萧衍，一个深受佛家禅理影响而广推素食主张的皇帝。也由此，佛家素食主张几至顶峰盛极。

当然，中国素食的历史绝不仅归因于佛教，在佛教传入中国之前，汉地已有素食之风。但不可否认的是，佛教所秉承的生命观、宇宙观，无疑与素食文化形成了高度契合。“一花一世界，一叶一菩提”，佛家以慈悲为怀，爱护众生，尊重生命，凡此种种，仿若为素食文化镀上了一对金色光辉的翅膀。可以这样说，佛门为素食文化在中国的源远流长做出了推波助澜的贡献。

佛教对于素食的极力推行，刚开始更多是顺从佛家“万般皆生命，慈悲润众生”等教义的体现，但在之后历史车轮的往前推进里，这本初的“动机”也发生了微妙的变化。越来越多的佛家僧人、居士发现，久吃素食能让他们养生延年、富于智慧、机体康全。佛家为慈悲众生而行素食主张，也因善心获素食之益充裕自身，这是一个有趣的轮回，也是佛家“种善因得善果”的真实印证。总之，久藏于素食之中的丰富馈赠终于得以发现，素食之“素”，原是“素其形，盛其实”。

这本《禅味斋宴》便是从这个角度出发，介绍了佛教文化对于中国素食文化的影响，汇结了斋食的种种裨益，精心发掘了七大类过百款清雅素食的详细烹制方法，并一一给出了独到专业的点评，胜似一道道莲海真味浮现眼前，让人沉醉。

终日奔忙，起惑、造业、受苦的我们，若能静心读完此书，然后学着亲手烹饪几道素食斋菜，好好品味一番，或许能从中寻觅一方净土让周身惬意。

“食谷智慧而巧”，久餐素食，定有智慧看到其后的斑斓世界。

目录
CONTENTS

味觉禅风

Buddhism in the Cuisines

第一章

品味佛家菜根香

在中国传统饮食文化中，素食占有重要的一席之地。素食不等于素斋，并不为佛门独有。远在佛教传入之前，受儒家仁慈思想与孝道的影响，中国已有素食的习俗。但不可否认的是，中国的素食文化与佛门的确很亲近，有着难以割舍的『缘』。

一、慈心不杀，素净清香的素斋菜

Merciful and Tasty Vegetarian Menu in the Temples

佛家宣扬『戒杀放生』，于是僧侣中兴起食素之风。而且，在佛门僧人看来，吃饭这类事也是蕴含禅机的。从养生的角度来说，佛家认为，饮食的荤素和多少，都与人的健康有直接关联，有些疾病是由食荤引起的，可以通过食素得到预防和医治，所以佛家亦有『吃饭就是吃药』的说法。正是这些原因，使『佛门素菜』应运而生，不仅成为佛家弟子的美食，也成为人们争相求食的美味佳肴。

★素食与佛缘

其实，原始佛教中并没有规定僧人吃素这一说，而是随缘随化。佛教对于饮食的要求只是：不能过饱，也不能过饥；要忌食不干净、不宜食的食物。自愿吃素的僧人们往往把素食看成是一种苦行。

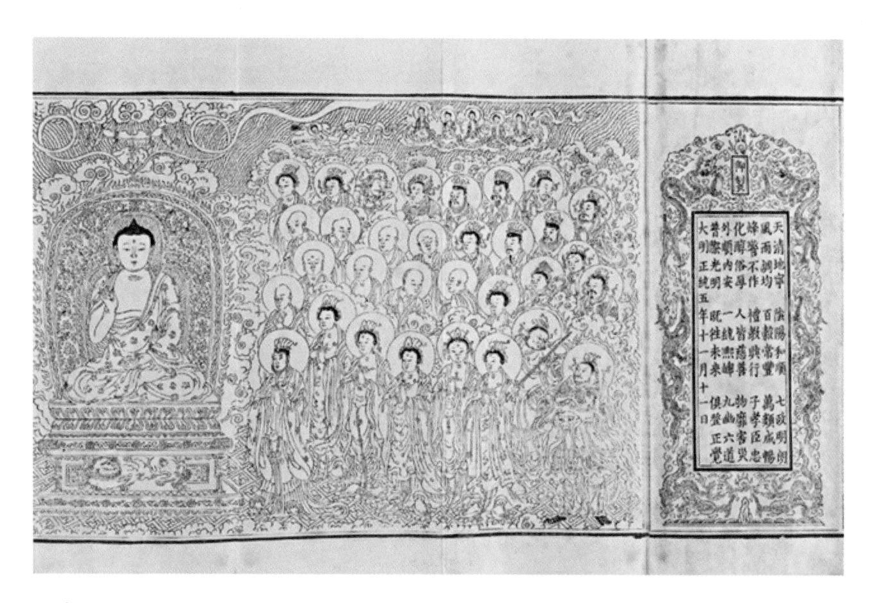

大乘入楞伽经

汉代，佛教开始传入中国，此时传来的经典大都是小乘佛经，这些经典上并没有禁止食肉荤的戒条。直到以菩萨慈悲为本的大乘佛教经典传入，如《涅盘经》《楞伽阿跋多罗宝经》《央掘魔罗经》等，这些经典中都指明不得食一切众生肉。《梵网经》云："若佛子一切肉不得食，断大慈悲佛种子，一切众生见而舍去，是故一切菩萨不得食一切众生肉，食肉得无量罪。"《大乘入楞伽经》更是从因果轮回的理论上阐明了食肉的过失，其中指出，众生从无量劫以来，流转于六道轮回，生生死死，轮转息，曾经都是父母兄弟男女眷属，乃至朋友亲戚，如何忍取而食之……

1400多年以前，梁武帝萧衍虔信佛教，不仅自己三度以身舍佛，还提出禁止僧尼"食一切肉"的主张，并以"王法治问"的强制措施严加管制，从而形成汉地僧人吃素的制度，并一直坚持至今。可以说，素食是汉传佛教特有的规定。

梁武帝还提倡臣民吃素，并规定祭祀天地神明祖宗的供品不准用三牲猪头，而改成面粉做的供品。自此之后，佛教倡导素食，并在其传播过程中，大力宣扬吃素是"仁者的美德"，斋戒逐渐演化为民间现象，善男信女为求福去灾而食素，素食便与佛结下了不解之缘。

寺院僧人平日用酱瓜、腌萝卜过粥，吃黄米饭、大烩菜，到了"佛欢喜日"（佛教节日）办素席，吃香粳米饭。寺院的厨房称为斋厨、香积厨；负责杂役诸事的和尚称典座，与饮食相关的各司一职的僧人有饭头、粥头、米头、柴头、园头等。他们除了负责寺中和尚们的膳食外，还要为从各地来寺庙的行脚僧解决就餐问题；香火旺盛的寺院，要为常年进香拜佛的施主、香客提供茶饭；每逢佛祖、观音菩萨诞辰等佛家节日，四方信徒云集寺庙，进香拜佛，寺庙为“普结佛缘”，往往在路旁搭席子棚，向信士游客施以茶水、素斋……于是，斋厨素食烹调一步一步发展起来，日趋讲究，形成了“寺院素菜”。

隋唐时期，素菜得到了很大发展，形成了独特的风味。到了南宋时期，在汴梁已有了专门的素菜馆。明清时期，素菜发展达到了很高的水平，形成了包括寺院素食、宫廷素食、民间素食的独特派别，素菜成为与享有盛名的四大菜系并立的又一菜系。

★正心修德的素食传统

早在佛教传入中国之前，汉地已有素食之风。《黄帝内经》等医书中记载古人“养、助、益、充”的饮食观念，提倡“五谷为养、五果为助”，并视素食为一种美德；《仪礼记·丧服》载“既练……饮素食”，《礼记·场记》也说“七日戒，三日斋”；很多隐逸的文人志士崇尚自然，认为吃肉使人气浊，吃素使人气清，因而奉行素食原则。

相传，夏王桀于乙卯日被商汤所灭，商纣在甲子日被周武王所亡，之后历代为避免重蹈覆辙，便于这些日子斋戒，修养心性，于是，初一、十五茹素成为习俗，即“朔望斋”。《礼记》中云：“逢子卯，稷食菜羹。”《周礼》中云：“大丧，则不举。”“不举”即“不杀牲食肉”的意思。

牧女进奉糜乳图

素食之所以能广为流传，也受到了中国儒家思想的影响。儒家主张仁爱、提倡孝道，孟子说：“见其生，不忍见其死；闻其声，不忍食其肉，所以君子远庖厨。”此外，父母过世服丧期间，子女布衣蔬食，禁酒肉。

人们还将吃素纳入神圣庄严的场合，但凡重大的祭祀活动前夕，一定要“茹素数日，以净其身，清其心”。上至皇帝、贵族，下至黎民百姓，莫不认同，莫不遵行，可见“茹素”在人们心目中的神圣。东汉时，刘备欲请诸葛亮出山，临行前“斋戒三日，薰沐更衣”，也就是曾素食戒酒三天，沐浴更衣，以示心诚之意。

此外，还有出于长生不老及成仙目的的茹素。《吕氏春秋》曰：“肥肉厚酒，务以自强，名之曰烂肠之食”；“味众珍则胃充，胃充则中大鞔，中大鞔而气不达，以此长生可得乎”。《论衡·道虚篇》曰：“食精身轻，故能神仙。若士者食蛤蜊之肉，与庸民同食，无精轻之验，安能纵体而上天？”自古以来，素菜在中国各种文献中的记载也非常丰富。据考证，北魏《齐民要术》中专列了素食一章，介绍了11种素食，是中国目前发现的最早的素食谱。宋朝时，林洪的《山家清供》记载的100多种食品中大部分为素食，包括花卉、药物、水果和豆制品等。程达叟的《本心斋蔬食谱》记录了20种用蔬菜和水果制成的素食。清末薛宝辰所著的《素食说略》中，记述了200多种素食。此外，还有中国素菜走出国门的历史文献记载，日本学者木宫泰彦在《中国交通史》中说：明末隐元和尚东渡日本时，曾传去某些烹饪制作技术，其中就有“净素烹饪”。

★ 佛山古刹，名厨名菜

“可惜湖山天下好，十分风景属僧家”。大凡名山，都遍布佛寺古刹，其中最著名的莫过于文殊菩萨道场五台山、观音菩萨道场普陀山、普贤菩萨道场峨眉山和地藏菩萨道场九华山。除了这四大佛教名山之外，嵩山、泰山、衡山等名山，每处也都是佛殿巍峨、香火鼎盛。这些名山古刹在设素斋供佛、供僧、供众的过程中，出现了许多优秀的僧厨，创作了不胜枚举的素食名菜。

梁武帝时，南京建业寺有一僧厨，素菜烹调技艺精湛，“一瓜可做数十肴，一菜可变数十味”。五代时期，佛教界出现了中国古代十大名厨之一、大型风景花色拼盘创始人、女厨师梵正。梵正以创制“辋川小样”风景拼盘驰名天下。她依照唐代诗人王维所画的《辋川图》，创制了“辋川小样”风景拼

盘。这一大型组合式风景冷盘，以蔬笋、酱瓜、瓜果、脯之类为原材料，一份一景，每客一份，如果坐满20人，便合成一副完整的《辋川图》。这一惊世之作将菜肴与造型艺术融为一体，使“菜上有山水，盘中溢诗歌”，在古代烹饪史上书写了光辉灿烂的一页。

担当和尚是明末清初著名的“诗、书、画”三绝名士。他途经保山金鸡寺时，吃到由金鸡寺僧厨做的豆腐，发现豆腐质地细腻，但败在做工不精，调味不好。第二天，担当和尚亲手做了一道色佳味美的豆腐请僧众品尝，僧众一尝之后，竟觉从不知天下竟有如此可观可食的豆腐，这就是名菜“口袋豆腐”的由来。

明清时江苏人爱吃的“文思豆腐”，原是天宁寺文思和尚创作的；清代美食家袁枚称赞的“醋渍萝卜”和“腌大头菜”，原是承恩寺僧人的过粥菜。古代帝王中也不乏钟情佛家菜者。据记载，少林寺曾用少林素食在寺中先后招待过唐太宗、元世祖、清高宗等20多位帝王。公元629年，唐太宗因念及当年十三棍僧救驾之恩，亲率魏征等人拜访少林寺，昙宗和尚以60款素菜摆设“蟠龙宴”招待唐太宗。公元1292年，元世祖前往少林寺寻访好友福裕大和尚，寺中为其特设“飞龙宴”，菜品更是多达90道。

在四大佛教名山的寺院或素斋馆里，都可以品味到丰盛、清香可口的素斋。这些素斋菜色、形、神兼备，风味独特，且兼具养生之功效。

五台山素斋

五台山素斋汇集了寺庙僧尼所用的斋饭和民间的素食，原料多以山珍野菜、鲜蔬瓜果、菌类粮食为主，菜名多以佛教圣言而冠，营养丰富，食补作用显著，是佛教圣地饮食集大成者。

五台山传统的素斋有“开花献佛”“罗汉全斋”“金粟员佛”“清凉茶果”“出三界桃”“慈航普度”六菜全筵。还有出自现代僧厨之手的创新素菜，如“土豆过油”“山花烂漫”“雪山台蘑”“皆大欢喜”等。

普陀山素斋

普陀山素菜清纯素雅、烹制精美，既秉承了佛教饮食传统，还融合了宫廷素菜的精细、民间素菜的天然。它革除素菜仿荤腥的制作传统，素料素作，素名素形，独树一帜。

普陀山素菜既讲究色、香、味，又追求形、神、器，一道菜一个雅名，神韵高雅，诗情画意，如“香泥藏珍”“普济如意”“东海金莲”“普陀佛光”“法雨菰云”等，颇受香客欢迎。

峨眉山素斋

峨眉山素斋做工精细，雕刻精湛，以色、香、味、美而著称。尤其是“泉水豆花”和“雪水泡菜”，更是闻名遐迩，堪称一绝。此外，还有雪蘑芋、叶儿粑、三合泥、凉粉等特色素斋。

雪蘑芋是将魔芋掩埋于冰雪之中冻结后，内部形成许多小孔而得；叶儿粑用糯米细粉做皮，内用白糖、花生、核桃、芝麻等合制成馅，用粑叶包好蒸后即可；三合泥是峨眉山一道有名的甜点，吃起来皮面干脆，里内柔软。

九华山素斋

九华山是素斋的诞生地，历史上不仅僧尼要严格遵守戒律，禁荤吃斋，而且严禁山民和游客食荤，由此形成了独具特色、久负盛名的九华山素斋。千百年来，九华山僧众一直以素为食，遍采山中天地灵气，九华山神秘的肉身现象及僧众多高寿与其独特的饮食文化有很大关系。

九华山素菜原料多取于本山出产的竹笋、百合、石耳、木耳、黄花菜、地心菜、黄精、马兰头、豆苗、椿苗、蕨菜等山珍野味，配以豆腐、冻粉、面筋、素油等，或清炒、或火煨、或清炖、或烘烤，以荤托素，取荤菜的名与形，既追求形似，也追求神似。

佛涅槃图

二、素菜入馔，自然养生
Natural and Healthy Vegetarian Cuisines

素食是一个人的生活态度和习惯问题。佛教提倡素食，是让有心信佛、学佛的人都能够拥有『素心』。然而不经意间，你会发现，无论是出于信仰原因，还是为了身心健康，吃素的人越来越多，素食俨然已经成为一种新潮、健康而又积极的生活方式。

★清心寡肉，养生延年

古今中外，几乎所有长寿之人都食素，或以素食为主。我们的老祖宗一直坚信素食养生、有益健康，提出人不应该过分追求浓烈的厚味饮食，“平易恬淡”才是养生的基本原则。

明代医家李延认为，对中年人的精气亏损采取服药补阴阳的方法，一般都不能收到尽善尽美的效果。惟素食调养，能气阴两补，助胃益脾，最为平正，不仅适于中年肾亏，也适合老人、妇女和儿童的其他亏损病症。明代名医万全，在其所著的《养生四要》里也再

敦煌迦叶塑像

三倡导学习古人“尚淡泊”的生活方式，他认为素食可以使人的体魄、精神处于最佳状态。

佛家把饮食和药物统称为“药”，要求其信徒吃纯净天然的素食，提出了许多关于修行者的饮食禁忌，戒律上要求信徒们把饮食当成“药物”，食时就不会贪多贪好了。

自古高僧多长寿，从明确的文字记载来看，迄今世界上最长寿的人是唐代高僧释慧昭。《历代高僧生卒年表》记载：“慧昭，男，526年生，815年卒，终年290岁。”中国佛典上明确记载生卒年代的高僧中，百岁以上的有12位，九十岁以上的42位，八十岁以上的142位，七十岁以上的361位，这与杜甫诗中所叹的“人生七十古来稀”形成了鲜明的对比。有道高僧能够长寿，与他们长期修行有必然的联系，生活上粗茶淡食、精神上淡泊致远是其长寿的主要原因。

从现代医学、营养学的理论出发，对动物性食品、谷类及蔬果类的蛋白质、脂肪、维生素、矿物质及碳水化合物等营养成分的含量做了详细分析和对比，发现素食不仅可以充分地提供人类所需的蛋白质等营养成分，而且去掉了动物性食品所带来的多余胆固醇等有害健康的因素。坚持素食几乎可以完全防止心脑血管疾病、肝病以及糖尿病等诸多病症，并对这类疾病起到有效的治疗作用。

素食有益于机体健康

素菜的原料，除了时令蔬菜外，还包括豆制品、竹笋、菌类、藻类和干鲜果品等植物性原料。这些食物通常有以下特点：

①富含维生素。维生素是参与生物生长发育和代谢所必需的微量有机物质。其中，维生素C能强化人体的免疫系统；维生素A能抵抗传染病，是身体皮肤、眼睛、呼吸器官、消化器

官、泌尿管道等第一防线所必需的抗体；维生素B有补充脑神经系统及联络网的免疫功能；维生素E能使皮肤变得光滑细腻；植物蛋白、维生素C和叶酸进入人体后，通过氧化还原，可以洁净血液和皮肤，同时还能降低胆固醇，改善和保护血管弹性……蔬菜瓜果等素食含有的维生素，可促使人体细胞保持新鲜、年轻状态。

②富含膳食纤维。膳食纤维是从多种天然谷物、水果、蔬菜中提取出来的一种水溶性纤维，是水、维生素、碳水化合物之外的营养素，被营养学家喻为“绿色清道夫”。

膳食纤维能减少消化过程中对脂肪的吸收，有助于控制体重；可降低血液中与心脏病有密切关系的脂肪，如胆固醇、三酸甘油脂等的含量；可稀释大肠中的致癌物质，连带其他杂物一齐排出体外，能防止肠癌的形成；可降低人体对胰岛素的需要，有益于糖尿病及其他病患……专家研究发现，多吃带纤维质的蔬食，许多所谓的“正常”老化，甚至可以说是对缩短寿命的现象，都能有所改善，并能预防多种

菩提树金刚座唐卡

疾病，如心脏病、糖尿病、癌症等。

③使血液变微碱性。健康人的血液呈微碱性，微碱性的血液中富有钙和钾等矿物质。科学研究表明，动物性食品多半容易使血液变酸性，而植物性食品大多含有较多的矿物质，所以蔬食会使血液变微碱性。研究也发现，血液如果作酸性反应时，细胞即行老化，并且酸性物质会为癌细胞发育创造条件。因此，保持血液碱性可以抗癌，有助于身体健康。

此外，当我们的血液保持微碱性时，血液中的酸就会大大减少。出汗时，随汗水排出身体的有害物质也多了。同时钙等矿物质又能把血液中的有害物质清洗掉，使血液变纯洁，从而皮肤自然会变得颜色红润，柔嫩光泽，还能减轻体味。

素食令人心平气和，头脑清醒，增长智慧

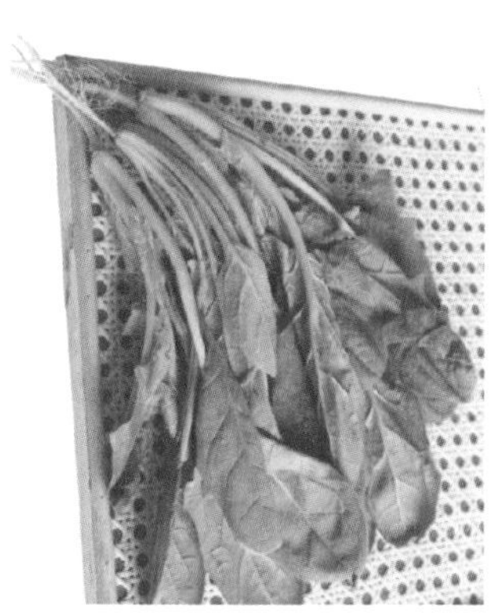

《礼记》云："食肉勇敢而悍，食谷智慧而巧。"素食者嗜欲淡，肉食者嗜欲浓；素食者神志清，肉食者神志浊；素食者脑力敏捷，肉食者神经迟钝。从爱因斯坦、爱迪生、托尔斯泰到泰戈尔、孙中山等，古往今来，许多智者大都偏爱，或最终选择了素食。

现代大脑生理学证明，充分供给大脑细胞所必需的养分主要是麸酸，其次为维生素B及氧等。食物中以谷物及豆类含麸酸和各种维生素B最丰富，肉类次之且量微。美国麻省理工学院研究人员指出，吃健康饮食，尤其是全麦食物能促进脑化合作用，创造心灵深处的安宁幸福，所以，素食的人可以获得更为健全的脑力，能使智慧与判断力提高。

★素食者如何保持营养均衡

有很多人会担心吃素得不到肉类才有的营养，但在营养专家看来，没有绝对的坏食物，只有坏搭配、坏比例的食物。素食者有必要认真审视自己的食谱，巧妙通过各种方式补充缺失的营养，保证膳食平衡。

长期食素意味着优质蛋白的摄入减少，植物性食物中的钙的吸收率低，再加上膳食纤维及植酸对营养素吸收的干扰，很容易造成微量元素缺乏，如钙、铁、锌、硒等。素食者最容易缺乏的就是钙，饮食中80%的钙来自奶类；第二就是容易缺铁，80%的铁来自肉类和蛋类。

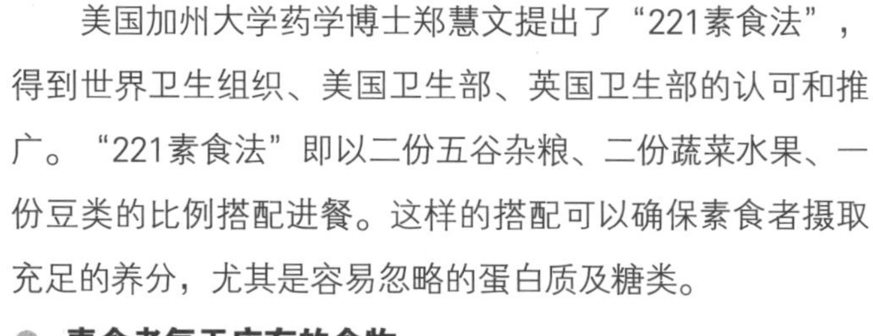

美国加州大学药学博士郑慧文提出了“221素食法”，得到世界卫生组织、美国卫生部、英国卫生部的认可和推广。“221素食法”即以二份五谷杂粮、二份蔬菜水果、一份豆类的比例搭配进餐。这样的搭配可以确保素食者摄取充足的养分，尤其是容易忽略的蛋白质及糖类。

- **素食者每天应有的食物**

①面包、谷类和土豆，为饮食的三分之一。这类食品富含纤维、维生素和矿物质，是很好的淀粉来源。有可能的话，尽量选择高纤维食品，可以用全麦面包、胚芽面包、糙米等代替白米饭、白面。

②水果与蔬菜，包括各种新鲜的、罐装的、晒干的以及果蔬汁，也为饮食的三分之一，并尽量选择多类品种，种类越多，营养越趋完整。水果与蔬菜富含维生素和膳食纤维，深绿色的蔬菜含铁多，柑橘类植物中的维生素C可以帮助吸收铁。

③牛奶和奶制品，此类食品富含蛋白质和钙，应适量摄取。

④豆类和坚果类。腰果、杏仁等核果类，其丰富油脂可补充人体所需热量。豆类，如黄豆、毛豆、绿豆，或豆腐、豆干等豆类加工品，都含有丰富的蛋白质，可补充因未摄食肉类而缺乏的部分，且多吃豆类无胆固醇过高之忧。

⑤带脂肪和糖类的食品，包括油、甜食、饼干以及油炸的食品等，此类食品可少量摄取。

素食者的其他饮食技巧

①**吃新鲜蔬菜**。新鲜的青菜买来存着不吃，便会慢慢损失一些维生素。如菠菜在20℃存放24小时，维生素C损失高达84%，因此，要尽量多吃新鲜蔬菜。

②**不应舍弃的营养部分**。如豆芽，有人只吃芽儿而将豆子丢掉。事实上，豆中含维生素C比芽的部分多2～3倍。再如，做饺子时把菜汁挤掉，维生素会损失70%以上。正确的方法是，切好菜后用油拌好，再加盐和调料，这样馅儿就不会出汤了。

③**炒菜用旺火**。大火快炒的菜，维生素C损失仅17%，若炒后再焖，菜里的维生素C损失则为59%。因此，炒菜要用旺火，这样炒出来的菜，不仅色美味好，而且营养损失少。炒菜时加少许醋，也有利于维生素的保存。

④**炒好的菜趁热吃**。蔬菜中的维生素B_1在炒好后，温热的过程中会损失25%。炒好的白菜若保温30分钟，维生素会损失10%；1小时后，会损失20%。

⑤**吃菜更要喝汤**。炒菜时大部分维生素溶解在菜汤里。以维生素C为例，小白菜煮好后，维生素C会有70%溶解在菜汤里；新鲜豌豆放在水里煮沸3分钟，维生素C有50%溶在汤里。在洗切蔬菜时，如果将菜切了再冲洗，大量维生素就会流失到水中，所以，蔬菜应先清洗再切。

⑥**注意食物搭配的禁忌与食物的互补作用**。譬如谷类与豆类同食可以加强其氨基酸的互补作用；菠菜等食物中富含的草酸会与豆腐中的钙结合，从而影响钙的吸收等。

⑦**全素食者应多做户外活动，增加日照时间，以促进钙的吸收**。还可适当口服一些钙剂和维生素。

中国传统素菜分为寺院素菜、宫廷素菜与民间素菜三个流派。寺院素菜讲究『全素』，禁用五荤，且大多禁用蛋类。宫廷素菜是素菜中的精品，专供帝王家享用。皇帝在祭祀先人或遇重大事件时，事先要有数日沐浴，更衣独居，戒酒、食素，使心灵纯一诚敬。民间吃素大多是出于慈善心怀和道德情操，认为吃素是仁者的美德。所以民间素菜，并不是不吃肉荤，只是强调多吃菜蔬，崇尚朴素清淡的生活。

我们现今吃到的素菜，秉承了佛教饮食传统和文化内涵，融合了宫廷素菜的精细和民间素菜的天然纯正，制作精细，命名雅致，烹饪技法博采众长，讲究色、香、味、形、神，也讲求皿、质、养、声、境。

★三菇六耳、瓜果蔬茹——素菜常用食材及调味

素菜除了瓜果、时令蔬菜外，多用三菇六耳，还有号称“四大金刚”的豆腐、面筋、笋、蕈，也包括海产品中的紫菜、海苔、海带等。

三菇六耳

所谓三菇六耳，是指香菇、冬菇、草菇等菇类，以及雪耳、桂花耳、黄耳、榆耳、木耳、石耳等耳类。被称为天然维生素丸的菇类含有多种微量元素，是维持身体健康不可缺少的重要物质。耳类则含有大量的植物胶质，益气滋阴、补肾润肤、健身强体。素席中，菇类是最常用的原料，在诸菜品中所占比例很大。其中最具代表性的要数“鼎湖上素”，想要做成这道名贵的素菜，“三菇六耳”不可或缺。

九笋一笙

九笋是指露笋、毛尾笋、冬笋、笔笋、吊丝笋、猪肚笋、甘笋（胡萝卜）、菜笋（菜远或银芽）、姜笋；一笙就是竹笙。

著名素菜“罗汉斋”，相传是根据十八罗汉朝观音的佛教故事而来。除了使用三菇六耳，更以“九笋”来象征十八罗汉，“一笙”象征观音。由于材料多样，制作精细，堪称素菜之集大成者。只有具备“三菇”“六耳”“九笋”“一笙”，方能称为正宗的罗汉斋，否则只可说“上素”。

豆制品

大豆中蛋白质占35%～40%，是唯一能代替动物蛋白的植物蛋白质。大豆蛋白质中各种必需氨基酸的组成比较合理，含有丰富的脂肪、钙、磷、铁等物质。豆类可以直接入菜，也可做成豆制品。相传西汉时期的淮南王刘安发明了豆腐，为素菜的发展立下了汗马功劳。豆腐的发明不仅大大丰富了素菜的内涵，而且在营养学方面使素食主义有了更加强有力的说服力。

素菜中，腐竹和腐皮也是常用的原料。用大豆研碎浆化后，再经晾晒制成的腐竹和腐皮，具有很高的营养价值，可提供植物蛋白，还具有消肺化痰、补益脾胃助消化的作用。

面筋是佛家素菜中的重要原料。佛教素菜中，以面筋作为主料和辅料的菜肴有很多。其中，南普陀寺所制的名菜“半月沉江”，就是一道有名的以面筋为主料的寺院素汤菜。

以荤托素是素菜的一大特点，以荤托素的菜品大多由豆腐、面筋、腐竹来代替鸡鸭鱼肉，不仅神形兼备，以假乱真，其味道也堪与荤食大菜媲美，甚至更胜一筹。

调五味

世人追求五味调和，佛家也从健康的角度为“五味”提出了有价值的看法。有一部叫《摩诃止观辅行》的佛经说：适度的酸味，对肝脏有益，却会损脾脏，所以，脾病不可吃酸；适度的辛味，对肺脏有益，却会损肝脏，所以，肝病不可吃辛；适度的苦味，对心脏有益，却会损肺脏，所以，肺病不可吃苦；适度的咸味，对肾脏有益，却会损心脏，所以，心病不可吃咸；适度的甘味，对脾脏有益，却会损肾脏，所以，肾病不可吃甘。

究竟怎样调味才令素食吃得健康又吃得滋味？不妨试试下面这些健康的调味。

①甜味：红菜头、无花果、杞子、蜜糖、麦芽糖、枫叶糖浆。

②咸味：面豉酱。

③酸味：柠檬汁、天然醋。

④香味：各种天然香料、麻油。

⑤其他味道：芥酱。

⑥油：橄榄油、小麦胚芽油、山茶油。

★ 素菜烹饪技巧

做素菜也是一门艺术，所谓色、香、味，一样都不能少。素食以净素食材为原料，不像荤食本身有味道，想要烧得美味可口、与众不同，就要靠掌勺人的本领了。

素菜的烹饪方法与荤菜基本相同，主要有拌、卤、炝、酥、熏、腌、卷、炒、炸、熘、烧、烩、熬、焖、扒、爆、炖、蒸、炮、蜜汁、挂浆、挂霜等。但在具体操作过程中，又有其独到之处。例如，素菜烧（烤）的特点是逢烧（烤）必炸。

素菜好吃的烹饪秘诀

①**素菜应视菜本身质地的软脆而炒，该脆的要脆，该烂的就烂。**应该脆的菜，火候要猛，炒的速度要快；应该烂的菜，要温火慢炒，而且不能先放盐，否则炒不烂。

②**素食材料一般鲜味不足，所以，必须翻炒透，才能让调味料入味。**但有些食材，例如萝卜、黄瓜、花菜等，本就不易入味，这时可以先放进锅里油炸，炸过之后，菜的纤维支撑不住油的力量，内部就会松软。从油锅里捞起来之后，如果觉得油腻，可以稍微过一下水，之后再另起一锅，加入酱油、盐等调味料，约略翻炒就能很入味了。

③**花生、黄豆等食材不容易煮熟，可以提早半天将它泡水，等到软了，再放进锅里煮，很快就熟了。**甚至可以在前天晚上就用小火慢慢炖煮，隔天熟烂之后，再加上油、盐炒一炒，便能上菜了。

④**素菜不同于荤菜，油炸时油锅温度不宜太高，需要经过多次油炸、翻动，来达到酥脆的口感。**

⑤**在素食中常用勾芡技巧，主要原因是有些材料，如竹笋、豆腐等，表面光滑，水分多，难以入味，必须要以勾芡的汤汁附着在食物上，可以让菜色更加鲜艳夺目，味道浓厚，质地柔嫩。**

⑥**汆烫时，锅中的热水可以加盐、米酒等调味料，这样可以让蔬菜鲜绿，并去涩味，同时还能防止营养素流失。**

⑦**盐会使蛋白质凝固，在烹调蛋白质含量丰富的食物时（如黄豆），不可先放盐，否则让其表面的蛋白质凝固，无法吸水膨胀，不易熟透。**

常见蔬菜的烹饪小窍门

①**炒豆芽：**豆芽鲜嫩，炒时速度要快，断生即可。脆嫩的豆芽往往带涩味，炒时放一点醋，既能去除涩味，又能保持豆芽爽脆鲜嫩。

②**炒花菜：**炒花菜之前，要用清水洗净并焯一遍，然后下锅炒即可。炒时加少许牛奶，会使成品更加白嫩可口。

③**炒洋葱：**将切好的洋葱蘸上面粉，再入锅炒，这样炒出来的洋葱色泽金黄，质地脆嫩，味美可口。炒时加少许白葡萄酒，则不易炒焦。

④**炒青椒：**炒青椒要用急火快炒。炒时加少许精盐、味精、醋，烹炒几下，出锅装盘即可。

⑤**炒苋菜：**在冷锅冷油中放入苋菜，再用旺火炒熟，这样炒出来的苋菜色泽明亮、滑润爽口，不会有异味出现。

⑥**炒芹菜：**将油锅用猛火烧热，再将菜倒入锅内快炒，能使炒出的芹菜鲜嫩、脆滑可口。

★熬煮美味素高汤

素高汤在素食烹调中占有很重要的地位。一道上好的素高汤不油不腻，不仅提鲜，还能增香。但想要做出美味的素高汤，必须掌握正确的方法。下面介绍4种常用素高汤的做法。

做法1

原材料：黄豆芽300克，干香菇30克，胡萝卜120克，玉米230克，卷白菜200克，甘草2片

调味料：胡椒粉少许，盐5克

制作过程：

1.将干香菇浸入冷水中泡至膨胀，取出挤干水分；胡萝卜洗净，去皮，切成滚刀块；卷白菜洗净后切成大片；玉米切段；黄豆芽择净。

2.将所有的材料放入煲内，加入适量水，以武火煮沸，转文火继续煲煮30分钟，加盐、胡椒粉调味，过滤材料，撇清浮沫，取汤汁即可。

大厨秘诀：甘草带有微甜和天然的芬香，加入蔬菜内熬成汤，可以发挥调味的作用，去除叶菜的苦涩味，使汤头清新爽口。

做法2

原材料：胡萝卜2根，白萝卜2根，黄玉米2根，高丽菜1颗，黄豆芽500克，土芹菜（带叶）1把

调味料：麻油1匙，姜1小节，香菇蒂1碗，红枣1碗，八角2粒

制作过程：

1.将胡萝卜、白萝卜对切；玉米剥去外表厚壳（留少许薄壳与玉米须）；高丽菜洗净，对切4等份；黄豆芽、土芹菜摘洗干净。锅内放水烧滚，下入上述材料煮开。

2.另起一锅，以麻油将姜片爆香至脆香，下红枣炒到油色泛红，续加入香菇蒂炒香，最后加入八角，熄火用余温加热片刻，加入高汤中，以小火煮滚，30~40分钟后将黄豆芽取出。

3.继续小火煮2个小时左右，至汤头出味，过滤材料，撇清浮沫，取汤汁即可。

大厨秘诀：水和材料的比例为10∶3。蔬菜需等水滚后下锅，否则容易煮出青菜味，味苦且涩。萝卜性寒、皮性平，故不削去皮；姜、麻油可平和蔬菜凉性。八角的作用是去腥味，分量不能多，多了反而抢味。

做法3

原材料：大豆芽菜1500克，红枣（去核）10粒，芹菜100克，冬菇100克，胡萝卜1根，植物油适量

调味料：盐、姜片适量

制作过程：

1.大豆芽菜摘去根部，洗净沥干，在锅里烘透备用；芹菜切段，胡萝卜切块。冬菇浸软，略剪去较硬部分，洗净，沥干水分。

2.净锅置火上烧热，放入适量油，爆香姜片，加入大豆芽菜炒透，加入适量清水及其他材料煮滚，改用文火熬成浓汤，过滤材料，撇清浮沫，取汤汁即可。

做法4

原材料：黄豆芽1000克，甘蔗1000克

调味料：大豆色拉油2大匙

制作过程：

1.黄豆芽摘净洗净，甘蔗切段拍碎，备用。

2.净锅置火上，加色拉油烧热，倒入黄豆芽大火快炒几分钟，加入足量水，倒入甘蔗，煮沸，转小火煮2小时，过滤材料，撇清浮沫，取汤汁即可。

大厨秘诀：可加入一小碗红枣或者100克香菇蒂，汤味更鲜。

Tips：素高汤煮好后，捞起汤料，将清汤自然晾凉，然后装进保鲜盒，放冰箱冷藏，可以保存3天左右。也可以倒进冰格或保鲜袋冷冻，保存时间会更长一些。

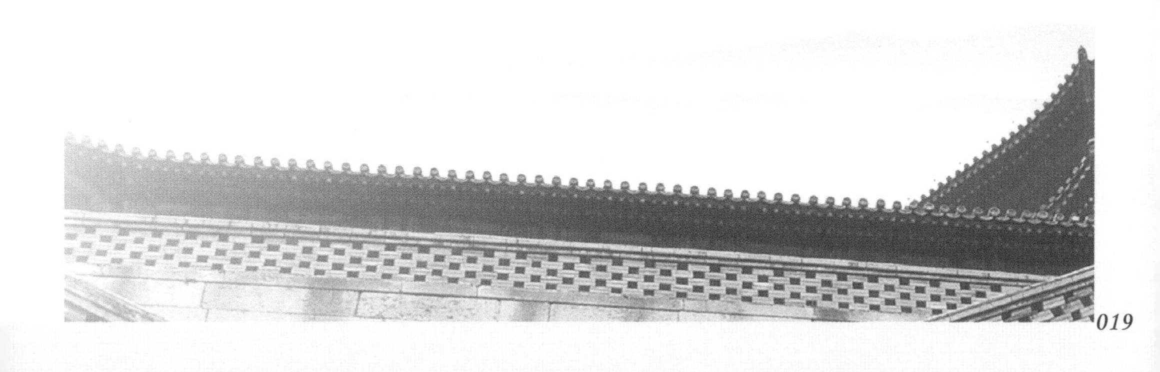

清雅素食

第二章

妙不可言的莲海真味

禅宗语录云『逢茶茶，遇饭饭』，其中蕴含的禅理是『该喝茶就喝茶，该吃饭就吃饭』，心静下来，就能安静地寻找滋味，享受滋味。

在很多人眼中，素食往往清淡味寡。其实不然，素食虽取材平凡，调味也很简单，但如果掌握了一定的烹饪技巧，以雅致的态度去烹煮食物，便能做出『变一瓜为数十种，食一菜为数十味』的莲海真味来。

六根清净

凉拌海藻

大师解味 这是一道开胃小菜，其主料海藻富含钠、钾、铁、钙、镁等无机元素和食物纤维，以及多种维生素，具有清热、软坚散结、增强免疫力及抗癌活性的功能，在舒解压力、治疗关节炎、缓解偏头痛及失眠方面有着良好的效果，因营养丰富，被誉为『素燕窝』。芥辣酱对海藻有杀菌的作用，所以吃辣的素食者可以适量增添。但因海藻性味咸寒，脾胃虚寒者忌食用。

原材料

绿海藻100克，白海藻100克，青椒10克，红椒10克，黑木耳10克

调味料

姜蓉3克，盐2克，山珍精2克，糖1克，醋2毫升，辣椒油5毫升，花生油5毫升，花椒油1毫升，芥辣酱3克

做法

1. 绿、白海藻洗净，挤干水分，备用；黑木耳洗净，用清水泡软，备用。
2. 将备好的海藻、黑木耳、青椒丝、红椒丝分别入沸水中氽烫，捞出沥干水分，晾凉后放入冰箱冰镇1小时，装入容器中。
3. 调入姜蓉、盐、山珍精、糖、醋、辣椒油、花生油、花椒油拌匀，上桌时配一碟芥辣酱即可。

桂花蜜山药

佛光宝塔

大师解味 铁棍山药是一味药食兼用的食材，含有皂苷、黏液质、胆碱、山药碱、淀粉、糖蛋白、自由氨基酸、多酚氧化酶、维生素C、碘质、16种氨基酸等营养元素，以及铁、铜、锌、锰、钙等多种微量元素，有补中益气、消渴生津、保健养颜、滋润皮肤等功效，为历代医家所推崇，称其为『长寿因子』。桂花蜜香气馥郁清新，味道清爽鲜洁、甜而不腻，色泽水白透明，蜜质细腻，是蜂蜜中的稀有蜜种，被誉为『蜜中之王』。桂花蜜用采自深山老林里冬天盛开的野生桂花泌入上等蜂蜜中酿制而成，也有直接让蜜蜂采摘桂花蜜酿制而成的。

原材料

铁棍山药500克

调味料

桂花蜜1000毫升

做法

1. 铁棍山药去皮洗净，切条，入沸水锅中汆烫断生，捞出沥水。
2. 将沥干水的山药放入容器中，倒入桂花蜜，浸泡一夜，放入冰箱中冷藏。食用时取出装盘即可。

素手卷

紫衣怀素

大师解味 苜蓿芽含有多种营养成分，包括钙、磷、铁、钠、钾、镁等矿物质及维生素A、B_1、B_2、B_{12}、C、E、K和多种氨基酸及酵素，尤其含有丰富的蛋白质和膳食纤维，而糖类很少，热量非常低，是最佳的高纤低热量食物之一，能防止促进老化的过氧化脂质产生，强化血管，促进血液循环，具有防止老化、预防成人病、美化肌肤之功效。苜蓿芽可生吃，也可熟食，凉拌、清炒皆可，煮汤更是风味绝佳。

原材料

苜蓿芽50克，素火腿丝50克，青瓜丝50克，胡萝卜丝50克，素肉松50克，油炸核桃仁50克，番茄10克，生菜叶2张，海苔1大张，芝麻少许

调味料

沙律酱20克

做法

1. 番茄洗净，切片备用；海苔切成2半，分别铺平。
2. 在海苔上依次铺上生菜叶、苜蓿芽、素火腿丝、青瓜丝、胡萝卜丝、油炸核桃仁，卷成卷，撒上素肉松、芝麻，淋入沙律酱，摆上番茄片即可。

佛岛春色

茼蒿千张卷

大师解味 皇帝菜又名茼蒿，在古代为宫廷佳肴，因而叫皇帝菜。皇帝菜的茎叶可以同食，清气甘香，鲜香嫩脆，所含的营养成分丰富，尤其胡萝卜素的含量极高，有『天然保健品、植物营养素』的美称。食用皇帝菜，不仅有助于宽中理气、消食开胃、增加食欲，还可以养心安神、稳定情绪、降压补脑、防止记忆力减退。

原材料

皇帝菜100克，千张100克，素肉松50克

调味料

橄榄油5毫升，盐5克，山珍精5克，白糖3克

做法

1. 皇帝菜洗净，入沸水锅中氽烫至熟，捞出剁碎，挤干水分，调入盐、山珍精、白糖，拌匀。
2. 千张用清水略泡后，放入沸水锅中氽烫过水，捞出，沥干水分。
3. 热锅注少许油，放入素肉松，调入少许盐、山珍精、白糖，翻炒至熟，盛出，倒入菜碎中，拌匀备用。
4. 将沥干水分的千张逐个铺平，包入适量的菜肉碎，卷成卷，整齐地摆入盘中即可。

混元炒菜

Natural and Balanced
Stir Fried Cuisines

五彩极地

果蔬炒淮山

大师解味 这道菜口味清淡，鲜味突出，原味醇正，造型精美。油炸核桃仁可以在菜市场买到成品，也可以自己制作：将洗好的核桃仁裹上脆面糊，沾满芝麻后，放入油锅中炸至金黄即可。

原材料

火龙果1个，淮山100克，胡萝卜50克，玉米粒50克，红腰豆30克，甜豆30克，百合10克，油炸核桃仁少许

调味料

盐2克，山珍精2克，白糖1克，淀粉1克，橄榄油10毫升

做法

1. 将火龙果外皮洗净，在尾部1/3处斜切下，挖出果肉，切成红腰豆大小的粒；将半个火龙果壳摆在盘尾，备用。
2. 将甜豆洗净，摘去老筋，切成丁；淮山、胡萝卜去皮洗净，切小丁；玉米粒淘洗干净，沥水备用。
3. 将淮山、胡萝卜放入沸水中过水，再加入红腰豆、玉米粒、百合，最后放甜豆，煮至断生，捞出沥水。
4. 净锅上火，注入油，倒入煮过的淮山、胡萝卜、红腰豆、玉米粒、百合、甜豆，调入盐、山珍精、白糖，加少许水，翻炒均匀，加火龙果，勾入明芡，炒匀，熄火，装在盘中，撒上炸好的核桃。

淮玉素缘

素炒淮山

滑子菇又名珍珠菇、滑菇等，味道鲜美，营养丰富，含有粗蛋白、脂肪、碳水化合物、粗纤维、钙、磷、铁、维生素B、维生素C、烟酸和人体所必需的其他各种氨基酸，且附着在滑菇菌伞表面的黏性核酸，不仅对保持人体的精力和脑力大有益处，而且还有抑制肿瘤的作用。

原材料

铁棍淮山200克，甜豆角30克，滑子菇30克，百合20克，胡萝卜10克，腰果20克

调味料

盐2克，山珍精2克，糖1克，姜蓉3克，花椒油2毫升，橄榄油5毫升

做法

1. 腰果洗净，浸泡5小时以上，捞出后沥干水分；甜豆角洗净，去老茎；淮山去皮洗净，切成条；滑子菇、百合洗净；胡萝卜洗净，去皮，切菱形片。
2. 净锅上火，将淮山放入沸水中，汆烫片刻，加滑子菇、甜豆角、胡萝卜，最后倒入百合，略烫，3~5分钟后捞出，沥水备用。
3. 热锅注油，烧至四成热，放入泡好的腰果炸至金黄，捞出，沥油。
4. 锅留底油，爆香姜蓉，放入淮山、甜豆角、百合、滑子菇、胡萝卜翻炒均匀，加少许水略焖，调入盐、山珍精、糖，翻炒均匀。
5. 出锅前淋入少许花椒油，拌匀，熄火，装盘，撒上炸好的腰果即成。

什锦香芋丁

包罗万象

大师解味 用保鲜膜将南瓜封好、隔水蒸制，能保持南瓜的干爽度；也可用保鲜袋装好，放入微波炉中高火打15~18分钟。芋头最好选用吃起来比较粉的。

原材料

小南瓜半个，香芋100克，玉米粒25克，青豆25克，芡实50克，胡萝卜25克，百合25克，红腰豆25克

调味料

盐2克，山珍精2克，白糖1克，椰浆5毫升，淀粉2克，橄榄油5毫升

做法

1. 将南瓜去皮，均匀地切成8小块，放入蒸碗中，还原成半个南瓜的形状，用保鲜膜封好，隔水以中火蒸制20分钟。
2. 净锅上火，注入清水，放入胡萝卜、青豆、红腰豆、玉米粒、芡实，煮至沸腾，倒入百合略烫，捞出沥干水分；香芋去皮洗净，切成小丁，入油锅炸熟后捞出，沥干油分。
3. 热锅注油，倒入煮好的胡萝卜、青豆、红腰豆、玉米粒、芡实、百合以及炸好的香芋丁，加入少许盐、山珍精、白糖，注入少量清水，拌匀，倒入椰浆，勾少许薄芡，盛入已蒸好的南瓜中。
4. 将南瓜倒扣入盘中，取出蒸碗，将南瓜一块块翻开，呈花瓣盛开状即可。

混元炒菜

Natural and Balanced Stir Fried Cuisines

原材料

杏鲍菇250克

调味料

黑胡椒汁10毫升，橄榄油100毫升

做法

1. 杏鲍菇竖着切成条，入沸水中过水，卷成卷，用竹签穿起来，固定牢。
2. 热锅注油，烧至四成热，放入杏鲍菇串，炸至金黄色。
3. 捞出杏鲍菇串，取下竹签，淋入黑椒汁即可。

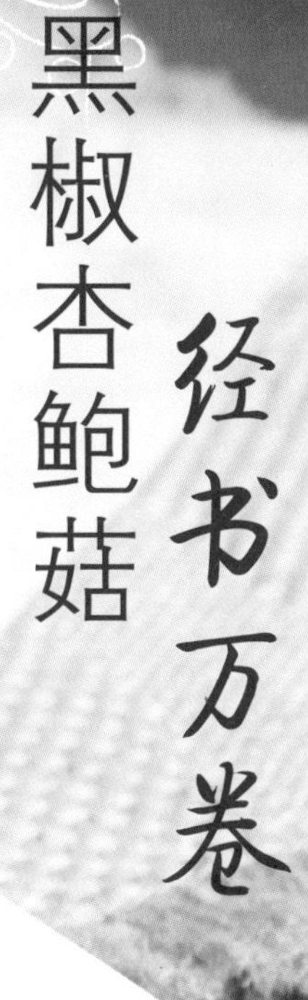

经书万卷

黑椒杏鲍菇

大师解味 黑椒汁是选用上等黑胡椒及各种精制原料，结合中西方配方研制而成的一种高品质、多用途的调味品。选购黑椒汁时，需看清其原料与配料，必须都是素食类的。

万佛朝宗

素味生菜盏

大师解味 西生菜是生菜的一种，又名圆生菜、结球生菜，富含膳食纤维和维生素C、甘露醇，有利尿、促进血液循环和消除过多脂肪的作用，被称为『减肥生菜』。同时，西生菜还具有治疗孕妇缺乳、畅通呼吸道、镇定神经、抑制病毒等功效。尤其西生菜的茎叶中含有莴苣素，味微苦，能镇痛催眠、降低胆固醇、辅助治疗神经衰弱。西生菜生食熟食均可，但不宜煮太久，否则会造成营养流失。

原材料

西芹50克，胡萝卜50克，芦笋50克，马蹄50克，素虾50克，西生菜100克，素肉松或油条碎少量

调味料

橄榄油5毫升，盐3克，山珍精3克，白糖2克

做法

1. 将西芹、胡萝卜、芦笋、马蹄、素虾全部洗净后，分别切碎。
2. 西生菜叶洗净，剪成圆形，制成一个个小菜盘。
3. 热锅注油，放入所有切碎的材料，翻炒至熟，调入盐、山珍精、白糖，翻炒均匀。
4. 将炒好的菜均匀地分装在西生菜叶上，撒上素肉松或油条碎即可。

混元炒菜

Natural and Balanced Stir Fried Cuisines

炒什锦时蔬

禅定八方

大师解味 紫甘蓝又叫紫包菜，营养丰富，尤其是维生素C、维生素E、维生素B族，以及花青素甙和纤维素等，含量极高，能够给人体提供一定数量的具有重要作用的抗氧化剂，有强身健体的作用，能够增强活力，促进肠道蠕动，降低胆固醇，提高血液中氧气的含量，减轻关节疼痛症状，防治感冒引起的咽喉疼痛等。经常吃甘蓝蔬菜还能够防治过敏症，对于各种皮肤瘙痒、湿疹等疾患具有一定疗效。在冬春季节感冒的高发季节经常吃甘蓝菜，可以防止感冒引起的咽喉部炎症。

原材料

西兰花50克，芦笋50克，百合10克，紫甘蓝20克，甜豆角20克，南瓜20克，口蘑20克

调味料

盐5克，蘑菇精5克，白糖3克，橄榄油10毫升

做法

1. 西兰花洗净，摘成小朵；芦笋洗净，斜切成段；南瓜去皮洗净，切成条；口蘑洗净切成小块；紫甘蓝洗净，切成片；甜豆角洗净，去老筋；百合用清水浸泡好，捞出沥干水分，备用。
2. 净锅上火，注入橄榄油，烧热后，倒入西兰花、芦笋、百合、紫甘蓝、甜豆角、南瓜条、口蘑，翻炒至熟，加入盐、蘑菇精、白糖调味，即可起锅。

佛海蒲团

干焖菌菇

原材料

甜豆角20克，平菇5朵，鲜冬菇2个，杏鲍菇50克，金针菇25克，莲子10颗，红枣5颗，银杏果5颗，木耳30克，发菜2克，玉米笋5条，西兰花5朵，腐竹30克，百合10克，银耳30克，白菜10克

调味料

盐2克，山珍精2克，白糖1克，素蚝油5毫升，生姜1克，生粉2克，橄榄油10毫升，老抽适量

做法

1. 鲜冬菇洗净，放入卤水中浸泡1小时左右，卤制好后，切片；莲子、红枣、木耳洗净后，分别放入清水中浸泡1小时左右；平菇、杏鲍菇洗净，撕成小块；金针菇洗净；玉米笋洗净，切片；甜豆角洗净，去老茎；西兰花洗净，分成小朵；白菜洗净，取叶备用；发菜用少许温水浸泡1分钟，捞出。
2. 净锅上火，注入橄榄油，加入冬菇、杏鲍菇、平菇、金针菇、甜豆角、莲子、红枣、银杏果、木耳、玉米笋、西兰花、腐竹、百合、银耳、白菜，翻炒均匀，注入适量清水，焖煮至熟，调入盐、素蚝油、白糖、山珍精，小火略焖，加入发菜，焖约1分钟至入味。
3. 调入老抽增色，用生粉勾薄芡，淋入锅中，滴少许明油，起锅装盘即可。

大师鲜味 干焖而成的『佛海蒲团』干香可口，味浓色鲜。如果时间不够充足，也可将原材料（发菜、冬菇除外）放入沸水锅中汆烫后再倒入炒锅中焖煮。这些食材汆烫过水时，应先倒菌类，再倒入其他食材，但不可煮太久，避免营养的损失。起锅前，需滴入少许明油，以保证色彩的鲜亮。

芸芸众生

淡奶鲜蔬

原材料

甜豆角30克，西兰花5朵，南瓜30克，土豆1/4个，紫甘蓝30克，鲜冬菇3朵，高丽菜30克，木耳30克，鲜口蘑3朵

调味料

盐2克，生姜2克，山珍精2克，白糖1克，黄咖喱2克，三花淡奶5毫升，椰奶5毫升，橄榄油10毫升

做法

1. 甜豆角洗净，去老茎；土豆、南瓜去皮，洗净，切薄片；口蘑、冬菇切片；紫甘蓝、高丽菜洗净，切小片；西兰花洗净，分成小朵。
2. 净锅上火，注入适量水，烧沸后，倒入土豆、南瓜，煮3~5分钟后，倒入甜豆角、口蘑、冬菇、紫甘蓝、高丽菜、西兰花，煮至六七分熟，捞出，滤干水分。
3. 热锅注油，放入少许生姜爆香，调入咖喱，再加少许水，炒匀，调入适量盐、白糖、山珍精，倒入甜豆角、土豆、南瓜、口蘑、冬菇、紫甘蓝、高丽菜、西兰花，翻炒片刻，加少许三花淡奶炒匀，生粉勾芡收汁，加椰奶拌匀，起锅装盘。

大师解味 紫甘蓝的营养丰富，200克甘蓝菜中所含的维生素C是一个柑橘的两倍。此外，这种蔬菜还能够给人体提供一定数量的具有重要作用的抗氧化剂：维生素E与维生素A前身物质（β-胡萝卜素），这些抗氧化成分能够保护身体免受自由基的损伤，并能有助于细胞的更新。紫甘蓝含有丰富的花青素甙和纤维素等，经常食用，能够增强人的活力，起到强身健体的作用。

美味杏鲍菇

结缘长寿

大师解味　杏鲍菇菌肉肥厚、质地脆嫩，富含蛋白质、碳水化合物、维生素及钙、镁、铜、锌等矿物质，可以提高人体免疫功能，对人体具有抗癌、降血脂、降胆固醇、防止心血管病、润肠胃以及美容等功效。

原材料

杏鲍菇250克，青红椒50克

调味料

盐3克，山珍精3克，白糖2克，蒸鱼豉油5毫升，姜汁5毫升，橄榄油50毫升

做法

1. 杏鲍菇洗净，切片；青红椒洗净，切菱形片。
2. 热锅注油，倒入杏鲍菇，炸至色泽鲜亮、香味浓郁时，捞出，沥干油分。
3. 锅留底油，倒入蒸鱼豉油、姜汁，烧出香味后，放入炸过的杏鲍菇、青红椒片翻炒，调入盐、山珍精、白糖，炒至入味即可。

混元炒菜

Natural and Balanced Stir Fried Cuisines

糖醋莲藕油条

心怀慈悲

大师解味 又脆又好吃的脆面糊要怎么调？将低筋面粉50克、玉米粉15克、泡打粉2克、盐少许放入盆中，加入60毫升温水，调匀。调制时要慢慢用水将所有的粉调开，但不要顺着一个方向调，以免起筋。最后将10毫升色拉油放入调好的面糊中调匀，放置20分钟后即可。

原材料

莲藕300克，油条3根，脆面糊150克，青、红椒各少许，苹果1/4个，梨1/4个

调味料

糖醋汁适量，橄榄油500毫升

做法

1. 莲藕洗净，切成均匀的小条；油条放凉后，切成与莲藕条等长的小段；青、红椒分别去蒂洗净，切成菱形片；苹果、梨洗净，去皮取果肉，切成碎末，制成杂果碎。
2. 将莲藕条分别塞入油条各个孔中，放入脆面糊中上浆，备用。
3. 热锅注油，烧至四成热时，放入裹了脆面糊的莲藕油条，炸至金黄，捞出，沥干油。
4. 锅留底油，放入青、红椒片略炒，倒入炸好的素排，淋入糖醋汁，翻炒均匀，大火收汁，起锅装盘，撒上杂果碎即可。

美极茶树菇

枯木逢春

大师解味 茶树菇性平，甘温，无毒，富含蛋白质和18种氨基酸以及B族维生素、钾、钠、钙、镁、铁、锌等矿物质元素，具有补肾滋阴、益气开胃、健脾止泻、提高人体免疫力、增强人体防病能力的功效。经常食用可起到抗衰老、美容、抗癌等作用，且对肾虚尿频、水肿、气喘，尤其小儿低热尿床有独特疗效。

原材料

茶树菇200克，青、红椒各50克

调味料

盐3克，山珍精3克，白糖2克，蒸鱼豉油5毫升，姜汁5毫升，香菜5克，芝麻2克

做法

1. 茶树菇洗净，沥干水分备用；青、红椒洗净，切细丝；香菜洗净切段。
2. 热锅注油，倒入茶树菇，炸至色泽鲜亮、香味浓郁时，捞出，沥干油分。
3. 锅留底油，倒入蒸鱼豉油、姜汁，烧出香味后，放入炸过的茶树菇，青、红椒丝翻炒，调入盐、山珍精、白糖，炒至入味后加少许香菜段，翻炒几下，起锅装盘，撒上少许芝麻即可。

观音白玉果

西芹百合炒白果

大师解味 白果一定不能生吃，而且不能多吃，可以煮或炒食。洋葱要选用红色的，颜色才亮丽。

原材料

西芹50克，白果50克，百合50克，洋葱50克

调味料

盐8克，山珍精3克，橄榄油适量

做法

1. 将洋葱切成莲花瓣，焯水待用；白果入沸水中汆烫后捞出；其他原材料洗净。
2. 锅坐火上，注入橄榄油，烧热后倒入西芹、白果、百合，拌炒至熟，烹入盐、山珍精炒至入味。
3. 起锅装盘，沿盘摆上洋葱即可。

混元炒菜

Natural and Balanced Stir Fried Cuisines

佛国三鲜

地三鲜

大师解味 青椒、茄子、土豆被称为『北方地三鲜』，是东北人最爱吃的三种蔬菜。土豆含有丰富的淀粉、蛋白质、维生素、钾、钙等，能宽肠通便、防止便秘、降糖降脂、美容养颜、利水消肿，预防肠道疾病和动脉粥样硬化的发生，还能防止高血压，保持心肌健康。

原材料

青柿子椒50克，茄子150克，土豆150克，红椒少许

调味料

盐6克，山珍精5克，白糖3克，北方大酱5克，植物油300毫升，姜汁10毫升

做法

1. 茄子、土豆洗净去皮，切块；青柿子椒、红椒分别洗净，切片。
2. 热锅注油，烧至四成热，倒入茄子块、土豆块、青柿子椒片过油，捞出沥干油分。
3. 锅留底油，倒入姜汁和北方大酱，煸出香味后加入茄子块、土豆块、青柿子椒片，翻炒至熟，调入盐、山珍精、白糖，放入红椒片翻炒均匀，起锅装盘即可。

混元炒菜

Natural and Balanced Stir Fried Cuisines

南海仙缘

炒海蓉

大师解味 海蓉又称“海底龙”、“龙筋菜”，是一种褐藻类绿色天然食品，营养丰富，含珍贵活性褐藻糖、胶原蛋白质、维生素A和钙、碘、铁、锌等多种营养物质，具有美容、补血、促进骨骼发育等功效。

原材料

海蓉200克，青、红椒丝共5克，香菜5克

调味料

盐5克，山珍精5克，白糖3克，豆瓣酱5克，素XO酱5克，生粉3克，橄榄油10毫升

做法

1. 将海蓉洗净后，入沸水中氽烫，捞出沥干备用；香菜洗净，切成小段。
2. 热锅注油，放入豆瓣酱、素XO酱、青红椒丝煸炒出香，加入素海蓉、盐、山珍精、白糖焖煮入味，临起锅时用生粉兑水勾成薄芡淋入锅中，拌匀，出锅装盘，撒上香菜段即可。

酱爆鲜翠

XO酱爆石窝芥蓝

大师解味

芥蓝是我国特产蔬菜之一，富含水分、维生素、糖类、纤维素和多种矿物质，具有解毒祛风、清心明目、防止便秘、降低胆固醇、软化血管、预防心脏病等功效。芥蓝还含有一种独特的苦味成分——金鸡纳霜，能抑制过度兴奋的体温中枢，起到消暑解热作用。炒芥蓝菜时，可加入少量白糖，以缓解苦涩，改善口感。

原材料

芥蓝300克，红椒丝10克，素火腿丝20克

调味料

盐5克，山珍精3克，白糖2克，XO酱6克，辣椒酱3克，豆豉汁5毫升，橄榄油适量

做法

1. 芥蓝洗净，沥干水分。
2. 净锅上火，注入橄榄油，下XO酱、辣椒酱爆香，放入素火腿丝略炒，倒入芥蓝，翻炒至熟，调入盐、山珍精、白糖和豆豉汁，炒至入味，加入红椒丝，大火收汁，盛出装入石窝中即可。

蟹黄竹荪

净池积雪

大师解味 竹荪是著名的食用菌，又称『真菌之花』、『植物鸡』等，名列『四珍』之首。竹荪富含蛋白质、脂肪、碳水化合物，以及多种维生素和钙磷钾镁铁等矿物质，更含有19种氨基酸，具有益胃清肠、抗老防衰、消炎止痛、减肥等多种功效，并对调节人体血酸及脂肪酸、血管硬化、高血压等疾病有显著疗效。

原材料

干竹荪200克，娃娃菜50克，素火腿末20克，胡萝卜30克，金针菇10克，香菇10克，素高汤适量

调味料

盐5克，山珍精5克，白糖3克，橄榄油适量

做法

1. 娃娃菜、金针菇、香菇洗净，切丝；干竹荪用温水浸泡1小时以上，洗净，剪去头尾，入沸水锅中汆烫至熟；胡萝卜洗净，去皮，切成碎末。
2. 热锅注油，放入娃娃菜、金针菇、香菇，调入盐、山珍精、白糖翻炒，注入少许素高汤，煮至熟软，制成汤料，盛入碗中。将烫熟的干竹荪整齐地摆在娃娃菜、金针菇、香菇等汤料上。
3. 热锅注油，倒入胡萝卜碎、素火腿末一起炒熟，调入盐、山珍精、白糖，炒至入味，制成蟹黄，出锅淋在竹荪上即可。

三杯茄子昆仑紫瓜

大师解味 九层塔是一种植物香料，用于烹调中，可增加香味。九层塔富含蛋白质、纤维素、胡萝卜素、维生素等营养元素，还含有芳香油、罗勒烯等成分，对治疗胃肠胀气、消化不良、胃痛、肠炎腹泻、外感风寒、头痛、胸痛、跌打淤肿、风湿痹痛、湿疹皮炎等病症均有很好的功效。

原材料

茄子200克，九层塔1棵，素肉松20克，红椒丝5克，香芹10克

调味料

盐5克，山珍精5克，白糖3克，橄榄油适量

做法

1. 茄子洗净，切成条；香芹洗净，切成小段；九层塔洗净，折段，备用。
2. 热锅注油，烧至四成热，放入茄子条，炸至酥软后捞出，沥干油分。
3. 锅留底油，放入素肉松煸炒，加炸好的茄子条同炒，调入盐、山珍精、白糖调味，放入红椒丝、香芹段，翻炒均匀，出锅装盘，撒上九层塔增香即可。

纤纤如意

什锦素炒羊肉串

大师解味 素炖羊肉的主要成分是大豆蛋白，大豆蛋白是唯一植物来源的完全蛋白，其蛋白质含量丰富，为肉类的两倍、鸡蛋的四倍、牛奶的十二倍，还含有钙质、叶酸、纤维素、维生素和植物营养素。此外大豆蛋白中含有的异黄酮在促进脂肪的分解并且降低胆固醇的同时，还有促进骨骼的钙化、抑制乳腺癌细胞增殖的能力、强抗氧化活性、保护血管内皮细胞等特殊功能。

原材料

素炖羊肉50克，素腊肠50克，素鸡50克，青椒片、红椒片各20克，素高汤1000毫升

调味料

辣椒粉5克，胡椒粉3克，香油5毫升

做法

1. 将素炖羊肉、素腊肠、素鸡分别切块；青椒、红椒洗净切菱形片。
2. 将切好的块、片用竹签间隔串成串，放入煮沸的素高汤中，滴入少许香油，烫熟后捞出。
3. 在肉串上撒上少许辣椒粉、胡椒粉，装盘即可。

竹荪扒菜胆

迦逻沙曳

原材料

竹荪3朵，上海青2棵，高汤适量

调味料

盐、山珍精、胡椒粉、橄榄油各适量

做法

1. 将上海青用刀切成两半，洗净备用；竹荪洗净后切成片。
2. 将上海青放入沸水锅中焯水，捞出摆在碗中垫底，露出根头部分。
3. 锅中注入橄榄油，烧热后将高汤倒入锅中，煮沸，加入竹荪入锅，煮约5分钟，调入盐、山珍精、胡椒粉略煮入味，盛入垫有上海青的碗中即可。

混元炒菜

Natural and Balanced Stir Fried Cuisines

甜豆炒素腊肠

原材料

甜豆角250克，素腊肠150克，百合25克，胡萝卜5克，木耳5克

调味料

盐3克，蘑菇精3克，白糖2克，姜蓉2克，酱油少许，橄榄油300毫升

做法

1. 将甜豆角洗净，去老茎；木耳、百合分别用清水泡好，捞出沥水备用；胡萝卜去皮洗净，切成片；素腊肠洗净，切片。
2. 将甜豆角、百合分别放入沸水锅中汆烫过水，捞出，沥干水分。
3. 净锅上火，注油，烧至四成热，倒入素腊肠过油，捞出备用。
4. 锅留底油，烧至四成热，放姜蓉爆香，倒入甜豆角、百合、木耳、胡萝卜片滑油片刻后，加入素腊肠略炒，调入酱油、盐、蘑菇精、白糖，翻炒均匀，即可起锅。

大师解味 甜豆角营养价值很高，富含维生素A、C、B_1、B_2及烟碱酸、钾、钠、磷、钙等，且有丰富的、比大豆蛋白还容易消化的蛋白质，能修补肌肤、调节生理状态、促进乳汁分泌、降低血液中的胆固醇，益脾和胃、生津止渴、和中下气、增强人体新陈代谢功能。甜豆还含有一种动情激素，不仅能延缓机体老化，还能帮助更年期女性缓和更年期症候群，因此是女性最好的食物之一。夏天多吃甜豆角还有消暑清口的作用，但容易腹胀者最好少吃。

素腊肠是用豆腐皮加各种调料烧制而成的一种半成品素食，形似腊肠，味道鲜美。

翠林菩提

韭菜桃仁

大师解味 核桃仁入油锅中时不宜炸得太老，以免有焦苦味。核桃含磷脂较高，可维护细胞正常代谢，增强细胞活力，防止脑细胞衰退，是良好的健脑食品。

原材料

韭菜300克，核桃仁100克

调味料

盐6克，山珍精3克，橄榄油适量

做法

1. 将韭菜洗净，切成段；核桃仁洗净。
2. 锅中注入适量橄榄油，烧至五成热，倒入核桃仁，炸熟后捞出沥油。
3. 锅留少许底油，倒入韭菜略炒，加核桃仁、盐、山珍精，炒匀入味，起锅装盘即可。

怒目金刚

豉汁素桂虾

大师解味 这道菜中，半成品的素桂虾也可以不用油炸而改为煎制，将素桂虾煎至两面干黄后再与素火腿末同煨，可减少油腻感。

原材料

素桂虾300克，素火腿末10克

调味料

生粉2克，豆豉汁10毫升，葱末2克，橄榄油500毫升

做法

1. 将素桂虾洗净后改刀，斜切菱形花刀，沥干水分，备用。
2. 净锅上火，注入橄榄油，烧至四成热，加入素桂虾，炸熟后捞出，沥油。
3. 锅留底油，炒香素火腿末、葱末，倒入炸过的素桂虾，加入豆豉汁，中火煨制。
4. 待锅中汤汁快收干时，用生粉勾成薄芡，淋入锅中，翻炒均匀即可。

禅院藏珍

水煮素鸡

大师解味 这道菜味道醇厚，材质松软，油而不腻，软而不黏。素鸡、茶树菇因是提前卤制好的，咸味较浓，且菌菇类食材本身不宜加过多盐，以免掩盖了鲜味，所以调味时应注意盐量。

原材料

卤水素鸡150克，腐竹50克，蟹味菇25克，白玉菇25克，卤水茶树菇25克，水发木耳50克，金针菇25克，口蘑25克，莴笋50克，香菜10克

调味料

干红椒6克，花椒4克，姜蓉3克，麻辣酱25克，盐2克，山珍精2克，白糖1克，素蚝油5毫升，老抽2毫升，花椒油5毫升，辣椒油5毫升，生粉少许，橄榄油适量

做法

1. 腐竹放入清水中泡发，捞出后挤干水分，入油锅中略炸，出锅晾凉后，浸入清水中，泡出过多的油分后控干水；水发木耳洗净；卤水素鸡洗净，切长条；蟹味菇、白玉菇、金针菇、口蘑、卤水茶树菇分别洗净，控干水分；莴笋去叶削皮，洗净切条；干红椒洗净，切细段；香菜洗净切碎，备用。
2. 热锅注油，烧至四成热，放入素鸡片，炸至浅黄色即可，捞出沥油。
3. 锅留底油，爆香姜蓉，加入麻辣酱，煸炒出香，倒入蟹味菇、白玉菇、木耳、金针菇、口蘑、茶树菇炒香，再加入莴笋、腐竹翻炒出香味后，注入适量清水，调入少许盐、山珍精、白糖、素蚝油，翻炒均匀，加入老抽，烧至菌类约六成熟时捞出，装入大碗中。锅留汤汁。
4. 将素鸡片倒入留有汤汁的锅中，略煮，让素鸡片尽量吸收汤汁。生粉勾薄芡，淋入锅中，收汁，起锅，盛入大碗中，覆盖在腐竹、菌菇上。
5. 净锅上火，注少许油，放入花椒、干红椒爆香，加少许花椒油、辣椒油，烧至六成热，舀出淋在素鸡上，撒入少许香菜末，即可。

罗汉素炖

咖喱素炖羊肉

大师解味 这是一道浇汁的菜，因而在做烧汁时，汤量可适当多一些。

咖喱酱是由数十种香料所组成的一种调味料。组成咖喱的香料包括姜黄粉、红辣椒、姜、丁香、肉桂、茴香、小茴香、肉豆蔻、芫荽、芥末、鼠尾草、黑胡椒等等。各地出产的咖喱酱口味各异，例如，新加坡的咖喱酱温和清淡，泰国的咖喱酱鲜香刺鼻，印度的咖喱酱辣味强劲，斯里兰卡的咖喱酱质优味浓，而马来西亚的咖喱酱清香平和，口感是华人比较能接受的。

原材料

素羊肉50克，土豆50克，杏鲍菇20克，青红椒少许，黄瓜3片

调味料

盐3克，山珍精3克，白糖2克，橄榄油200毫升，咖喱酱10克，素高汤300毫升

做法

1. 将素羊肉洗净，切块；土豆洗净去皮，切块；杏鲍菇洗净，切片；青红椒洗净，切菱形片。
2. 热锅注油，放入切好的土豆、素羊肉、杏鲍菇，过油后捞出，沥干油分。
3. 净锅上火，加入少许橄榄油，爆香咖喱酱、青红椒片，注入素高汤，煮至沸腾，调入盐、山珍精、白糖，烧至汤汁浓稠，再将沥干油分的土豆、素羊肉、杏鲍菇倒入锅中，略微翻炒，起锅装盘，以黄瓜点缀即可。

混元炒菜

Natural and Balanced
Stir Fried Cuisines

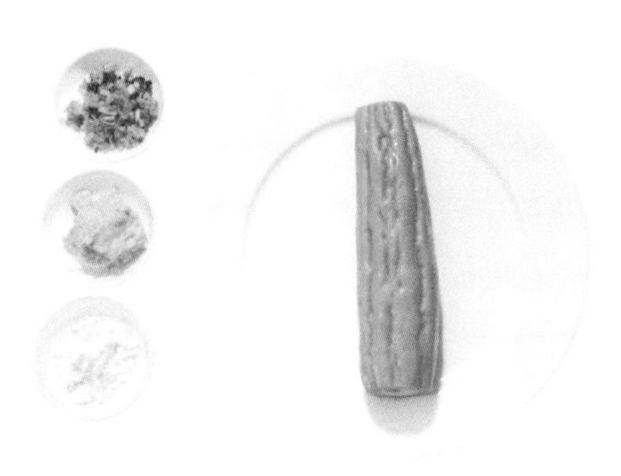

大师解味 酥肉酱是将大豆制成的酥肉切成末，加调味料炒制而成。也可以根据自己的喜好，制成金针菇素肉酱、香菇素肉酱等，即是将菌菇洗净切碎，与酥肉酱调味同炒。

禅定缘绿

素肉凉瓜酿

原材料

凉瓜1条，酥肉酱50克

调味料

橄榄油5毫升，生粉5克，姜蓉3克，豆豉5克，盐2克，白糖1克，素蚝油5毫升，老抽2毫升

做法

1. 将凉瓜洗净，挖去中间的软心，切成大小均匀的圆环，备用。
2. 净锅上火，注入清水，滴入少许明油，烧沸，放入凉瓜略煮，熄火后盛出，沥干水分，抹上少许生粉。
3. 取适量酥肉酱逐个塞入凉瓜中。
4. 平底锅上火，注入少许油，烧热后，将凉瓜逐个放入平底锅中，以中火煎至凉瓜表面干黄，盛出装盘。
5. 净锅上火，放入少许油，爆香姜蓉，烹入豆豉，加少许水，调入少许盐、白糖（多一点）、素蚝油、老抽，炒匀后，倒入煎好的凉瓜烧制入味。大火收干酱汁，装盘即可。

丝丝入味

素蚂蚁上树

大师解味 粉丝晶莹爽滑，烹调中尤以擅长吸收其他食材的味道著称。粉丝的主要成分是淀粉，炒制时容易糊锅，这就需要不断翻炒，因此选用比较筋道的粉丝才不容易炒碎。

原材料

龙口粉丝250克，泡菜50克，卷心菜叶1大张，红椒丝3克，素肉丝50克

调味料

橄榄油50毫升，盐5克，蘑菇精5克，白糖3克

做法

1. 将粉丝放入热水中浸泡至软，捞出沥干水分，备用；泡菜洗净，挤干过多的水分后切细，备用。
2. 热锅注油，倒入素肉丝过油后捞出，沥干油分备用。
3. 锅留底油，放入泡菜煸炒片刻，加素肉丝、粉丝、红椒丝一起煸炒至熟，调入盐、蘑菇精、白糖，翻炒均匀。
4. 将整张卷心菜叶摆入盘中，装入炒好的粉丝、泡菜、素肉丝、红椒丝等，略作装饰即可。

素海苔肉松是用大豆、豌豆粉、盐、白糖、海苔调制而成的仿荤素食，可以买成品，也可以简单地自制：将海苔撕碎，与素肉松一起放入油锅中煸炒，调入盐、山珍精、白糖，炒至入味即可。

紫气东来

紫菜卷

原材料

生菜叶4张，紫菜1大张，青瓜1条，素火腿50克，大根萝卜50克，胡萝卜50克，素海苔肉松5克，芝麻10克，脆面糊150克

调味料

沙律酱10克，橄榄油500毫升

做法

1. 将青瓜洗净，大根萝卜、胡萝卜洗净后，和素火腿都切成与紫菜等长的长条。
2. 将紫菜放在案板上铺平，依次放入生菜、青瓜丝、素火腿丝、萝卜丝、胡萝卜丝，均匀地淋上沙律酱，撒上海苔肉松，将紫菜卷起来，呈圆筒状。在紫菜卷上均匀地抹上脆面糊，沾上芝麻。
3. 热锅注油，烧至五六成热时，放入紫菜卷，炸至紫菜卷表皮发硬即可捞出，沥干油。
4. 将紫菜卷斜切，切成大小均匀的小卷，整齐地摆入盘中，在每个小卷上挤一点沙律酱即可。

佛手素卷

海苔腐皮卷

大师翻味 日本烧汁即是市面上所卖的日式烧汁，色泽红亮，咸甜适口，是用大豆、小麦、味啉、白糖等材料制作而成的调味料，主要用于菜肴的上色和调味，尤其适合烧烤、淋汁等制法的菜肴。

原材料

腐衣250克，海苔30克

调味料

日本烧汁20毫升，橄榄油100毫升

做法

1. 腐衣放入清水中浸软后，入沸水锅中汆烫片刻，捞出沥干水分，备用。
2. 将海苔在案板上摊平，铺上一层大小均等的腐衣，卷成卷，上笼蒸熟。
3. 取出蒸好的海苔腐衣卷，稍微晾凉后，切成小段。
4. 热锅注油，烧至四成热，放入海苔、腐衣卷过一遍油，捞出，沥干油分。
5. 锅留底油，烧热后，倒入海苔、腐衣卷，调入日本烧汁，略煨片刻，大火收汁，起锅即可。

六道轮回

香酥藕夹

大师解读　莲藕富含水分、碳水化合物、膳食纤维、蛋白质、脂肪等营养元素，口感微甜清脆，具有清热凉血、通便止泻、健脾开胃、益血生肌、止血散淤等疗效，一般人群均可食用，老幼妇孺、体弱多病者尤宜。但藕性偏凉，产妇不宜过早食用。

原材料

莲藕200克，糯米150克，面包糠100克，花生碎、素火腿碎、青红椒碎、香芹碎、香菜碎、芝麻各少许

调味料

香油1毫升，生抽10毫升，盐2克，山珍精2克，白糖1克，橄榄油500毫升

做法

1. 将糯米淘洗干净，入锅蒸熟备用；莲藕洗净，切成约为5毫米的片。
2. 将蒸熟的糯米调入素火腿碎、花生碎、盐、山珍精、白糖，拌匀，制成馅料。
3. 将香芹碎、青红椒碎、芝麻、香油、生抽一起拌匀，制成蘸汁，备用。
4. 取两片藕，中间夹入适量的馅料，然后均匀地裹上一层面包糠，放入锅中炸至金黄，依次做好所有的藕片。
5. 在铁板上铺一层锡纸，将铁板加热，撒上香菜碎，再将炸好的藕片改刀切成两半，摆入铁板中，与蘸汁一起上桌即可。

火中
Lotus in the

口蘑是理想的天然食品和多功能食品，含有多种抗病毒成分和大量植物纤维，能提高机体免疫力，辅助治疗由病毒引起的疾病，有降低血压、防止便秘、促进排毒、预防糖尿病及大肠癌、降低胆固醇的作用。口蘑宜选用鲜口蘑，食用前需多漂洗几遍。口蘑味道鲜美，因此在制成菜肴时，可不放或少放味精。

秀珍菇是一种高蛋白、低脂肪的营养食品，含有17种氨基酸，包括人体自身不能制造而一般食物中缺乏的苏氨酸、赖氨酸、高氨酸等，鲜美可口，具有独特的风味，被称为『味精菇』。秀珍菇的蛋白质含量极高，比一般的蔬菜高出3~6倍，且热量极低，因此多食也不必担心发胖。

雀巢是用面条或粉丝炸成的一个鸟巢形盛器，既可以装盛食物，也可以直接食用。

酥炸菌菇

众法论道

原材料

杏鲍菇50克，口蘑50克，鲜冬菇50克，秀珍菇50克，脆面糊150克，香菜末、红椒丝少许，雀巢1个

调味料

橄榄油500毫升，盐适量

做法

1. 将各种菌菇分别洗净，调入盐拌匀，略腌制几分钟，再逐个裹上脆面糊。
2. 热锅注油，烧至四成热，倒入上好浆的菌菇，炸至金黄，出锅沥油，装入雀巢中摆盘。撒上红椒丝、香菜末即可。

火中宝莲
Lotus in the Fire — Frying Cuisines

双色菩提果

双色金针菇丸子

这道菜以黑椒汁和糖醋汁的『黑』、『红』两色配以金针菇为主料的『菩提果』，色彩缤纷艳丽，造型生动美观。素食中常常会在菜肴中撒上一些杂果碎，不仅能让菜色看上去更美观，还能丰富菜肴的口味。杂果碎一般选用果肉肉质较硬、口感清脆的水果来做，如苹果、梨、菠萝等，且一般都是现做现用。

原材料

金针菇300克，青红椒5克，木耳5克，杂果碎10克，脆面糊150克，番茄片若干

调味料

黑椒汁10毫升，糖醋汁10毫升，橄榄油5毫升

做法

1. 将金针菇洗净，拌入脆面糊，抓匀，捏成丸子，定型，炸至金黄，分成两份。
2. 锅留底油，放入一份炸好的金针菇，加入青红椒、杂果碎、糖醋汁，炒匀即可起锅，盛在盘子一边。
3. 锅中注少许油，倒入另一份炸好的金针菇，调入青红椒、木耳、黑椒汁，翻炒均匀，起锅装盘，盛入盘子的另一边。
4. 盘中用番茄片铺成长龙形装饰即可。

火中莲
Lotus in the Fire

佛口散香

炸什锦蔬菜

土豆、胡萝卜都是我们常食的蔬菜。土豆富含钙、磷、铁等营养物质，能为人体提供大量的热能，有美容护肤、延缓衰老的作用，被称为『十全十美的食物』。胡萝卜则富含人体所需的胡萝卜素以及钙、磷、铁、维生素等矿物质，有治疗夜盲症、保护呼吸道和促进儿童生长等功效。

原材料

土豆1个，青椒1个，胡萝卜1根，葱1根

调味料

a. 中筋面粉1杯，蛋1个，盐5克，水80毫升

b. 酱油8毫升，白糖8克，熟白芝麻5克，冷开水适量

c. 橄榄油适量

做法

1. 将土豆去皮、洗净；青椒洗净、去籽；胡萝卜洗净，分别切成长粗丝，备用。
2. 将a料倒入一个大口容器中，混合拌匀后，加入所有切好的丝料，均匀地将其沾上a料，备用。
3. 锅中注入橄榄油，烧热，将上好浆的丝料分次放在锅铲上，排成长条后放入锅内，以中火炸成金黄色，取出，用吸油纸略吸油分再排盘。
4. 将葱切成细末后，拌入b料中，调匀，作为蘸料，与蔬菜条一起上桌即可。

火中宝莲

Lotus in the Fire

酸梅素鹅

原材料

腐衣150克

调味料

酸梅酱50克，橄榄油200毫升

做法

1. 将腐衣洗净，入沸水锅中汆烫过水后捞出，沥干水分，然后铺平，包成长方形的卷。
2. 蒸锅上火，放入腐衣卷，蒸至腐衣熟软。
3. 净锅上火，注入适量油，烧至四成热，放入腐衣卷，炸至腐衣酥脆，捞出沥干油分，装盘，配酸梅酱碟一起上桌，蘸食即可。

酸梅酱做法简单，将适量新鲜杨梅洗净后沥干，剔去核，切碎果肉，调入酸梅蜜饯、白糖、白醋（三者比例为2:2:1），混合拌匀，装入密封容器中，放入冰箱冷藏2天左右即可。

腐衣即豆腐皮，性平味甘，营养丰富，蛋白质、氨基酸含量很高，且含铁、钙、钼等人体所需的18种微量元素，有清热润肺、止咳消痰、养胃、解毒、止汗等功效，能提高免疫力，促进身体和智力的发育，老年人长期食用还可延年益寿。

火中宝莲

Lotus in the Fire — Frying Cuisines

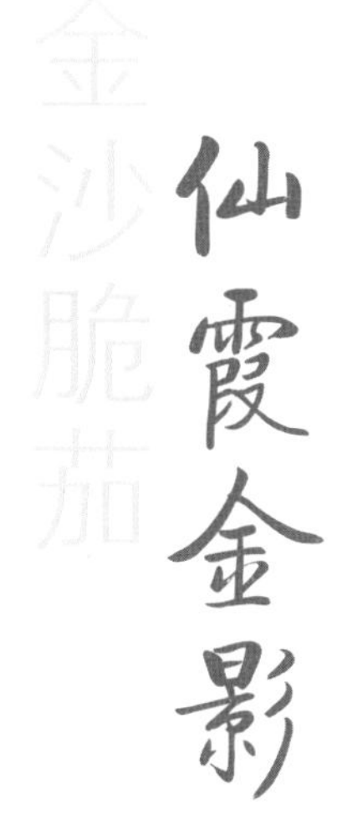

茄子营养很丰富，特别是维生素P的含量很高，每100克中即含维生素P750毫克，这是许多蔬菜水果望尘莫及的。维生素P能使血管壁保持弹性和生理功能，防止硬化和破裂，所以经常吃茄子，有助于防治高血压、冠心病、动脉硬化和出血性紫癜等疾病。

原材料

茄子200克，脆面糊100克，面包糠50克

调味料

盐5克，蘑菇精5克，白糖3克，植物油500毫升

做法

1. 茄子洗净，切成条，放入脆面糊中上浆。
2. 热锅注油，放入茄子条略炸后，捞出，沥油。
3. 锅留底油，烧热后倒入面包糠，翻炒片刻后加入炸好的茄子同炒，调入盐、蘑菇精、白糖，炒至入味，盛出装盘即可。

铁板茄夹

仙台晒经

大师解味

素火腿泥是用大豆分离蛋白、大豆组织蛋白、小麦蛋白、非转基因植物油、素香料等做成的一种半成品素食材料，富含蛋白质，可采用煎、煮、炸等多种烹调方式，口感细腻爽滑，是素食中常用的材料。

原材料

茄子250克，素火腿泥100克，青红椒丝5克，脆面糊250克，葱末1克，香芹末2克，西兰花2朵，番茄1个

调味料

橄榄油500毫升，蚝皇汁20毫升

做法

1. 番茄切成4块，和香芹、西兰花入沸水锅中汆烫至熟，捞出备用。
2. 茄子洗净，切成圆形片，再改刀切成茄夹。将素火腿泥灌入茄夹中，裹上脆面糊，放入油锅中炸至酥脆后捞出，摆入加热好的铁板中，再摆入番茄、香芹、西兰花装饰，撒上青红椒丝、葱末，浇上蚝皇汁即可。

经轮常转

素肉金针菇卷

金针菇不仅味道鲜美，而且营养丰富，赖氨酸和锌的含量极高，能有效地增强机体的生物活性，促进人体内的新陈代谢，有利于食物中各种营养素的吸收和利用，对促进儿童智力发育和生长发育都大有益处，因此被誉为『益智菇』。经常食用金针菇，可以预防肝病及胃、肠道溃疡，但脾胃虚寒者不宜吃得太多。

原材料

素东坡肉150克，金针菇100克，西芹5克，小番茄1颗，黄瓜少许，青椒碎2克，红椒碎3克，香菜碎5克

调味料

黑椒汁10毫升，橄榄油5毫升

做法

1. 将素东坡肉切薄片；金针菇洗净；西芹切段；黄瓜洗净成片；小番茄洗净切成两半。
2. 将素东坡肉片铺平，裹入金针菇，卷成卷，用竹签穿起来，固定牢。
3. 热锅注油，放入金针菇卷，炸熟后捞出，取出竹签。
4. 锅留底油，倒入金针菇卷，加青椒碎、红椒碎、香菜碎、西芹段，烧制片刻，盛出装入加热好的铁板中，淋入黑椒汁，摆入小番茄、黄瓜片点缀即可。

火中宝莲

Lotus in the Fire — Frying Cuisines

佛法圆满

双色茄盒

素食中的糖醋汁需自己调制，做法比较简单。取少许葱、姜，分别洗净，姜切丁，葱切段，放入热油锅中爆香，捞出姜葱，调入番茄酱、白糖、盐等，熬制成酱，捞出，冷却后，调入白醋，拌匀即可。

原材料

茄子250克，素火腿片50克，脆面糊100克，青、红椒碎3克

调味料

盐、蘑菇精、白糖各少许，椒盐5克，糖醋汁10毫升，橄榄油500毫升

做法

1. 脆面糊中调入少许盐、蘑菇精、白糖拌匀。
2. 将茄子洗净，去皮，切成茄夹，夹入小块素火腿片，逐个裹上脆面糊。
3. 净锅注油，烧至四成热，放入已上好浆的茄子，炸至金黄后捞出。
4. 将炸好的茄子分成两份，装在同一个盘子中，一份撒上青红椒碎和椒盐，另一份淋上糖醋汁即可。

自在菩萨

椒盐白灵菇

大师秘诀

卤汁可用八角、桂皮、香叶、肉蔻、花椒、小茴、干红椒等香料混合兑水，熬煮制成。白灵菇色泽洁白，肉质细嫩，美味可口，营养丰富，是一种食用和药用价值都混高的珍稀食用菌，富含蛋白质、脂肪、粗纤维和17种氨基酸，还有多种维生素、无机盐以及有益健康的矿物质，具有增强人体免疫力、调节人体生理平衡的作用。

原材料

鲜白灵菇250克，脆面糊150克，红椒丝2克，青椒丝2克，鸟巢1个

调味料

椒盐5克，橄榄油500毫升，卤汁适量

做法

1. 将鲜白灵菇放入卤汁中卤入味，沥干水分，切成细条，放入脆面糊中上浆。
2. 热锅注油，烧至四成热，逐个放入裹好脆面糊的白灵菇条，炸至表面金黄。
3. 捞出炸好的白灵菇条，装入小竹篓中，撒上椒盐、青红椒丝，摆入鸟巢中，装盘即可。

铁板冬菇丝

法雨丝丝

大师解味 冬菇含有丰富的蛋白质和多种人体必需的微量元素，肉质嫩滑香甜、美味可口，有『山珍』的美誉。长期食用冬菇，可以预防肝硬化，抑制胆固醇，促进人体新陈代谢。做菜用的冬菇一般都选用有芳香气味的干制品，方便储存，且香味更浓。浸泡干冬菇时，不宜用冷水或沸水泡浸，选用80℃左右的热水浸泡最好。清洗冬菇时，不可用手反复抓洗或来回搅动，一来容易损坏菇体外观，二来流失营养成分，三来原本已掉进水里的泥沙，经手抓洗或来回搅动，反而容易重新藏回菇褶里。当冬菇体泡透发软后，即刻捞出，换入清水中，用手或筷子在水中按同一方向搅动，冬菇表面脏物和藏在菇褶里的泥沙便会掉在水里，洗净后立即捞出，沥水。

原材料

冬菇200克，红椒丝5克，香菜5克

调味料

生粉10克，日本烧汁10毫升，蚝油汁5毫升，橄榄油5毫升

做法

1. 冬菇洗净，过水，剪成细条，裹上一层生粉，入油锅中炸至酥脆后捞出。
2. 净锅上火，注入少许油，加少许蚝油，翻炒出香味，倒入炸好的冬菇条，炒匀，加入红椒丝、香菜翻炒均匀，起锅装入加热好的铁板中。
3. 锅留底油，倒入日本烧汁，烧至沸腾，淋在冬菇条上即可。

德善有缘

泰汁盘龙茄

茄子不仅营养丰富，还是抗癌强手，能有效抑制消化系统肿瘤的增殖，在防治胃癌方面有良好的效果。吃茄子时最好不要去皮，尤其是紫皮茄子，其茄皮中富含维生素B，能支持茄肉中维生素C的代谢和吸收。另外，茄子不可生吃，以免中毒。

原材料

茄子1条，素火腿浆100克，脆面糊250克，杂果碎10克，红椒碎10克，松子10克

调味料

糖醋汁50毫升，橄榄油10毫升

做法

1. 将茄子洗净，改刀切片，但不要切断。
2. 将素火腿浆抹入每两片相邻的茄片中，裹上脆面糊，入油锅中炸至酥脆后捞出，摆盘。
3. 热锅注油，下杂果碎、红椒碎略微翻炒几下，加入糖醋汁烧沸，淋于茄身，撒上松子即可。

因果轮回

琉璃白菜卷

大白菜富含膳食纤维、维生素以及钙、锌、硒等矿物质，具有养胃生津、除烦解渴、利尿通便、清热解毒等功效，是补充营养、净化血液、疏通肠胃、预防疾病、促进新陈代谢的佳蔬。常吃大白菜还可以抗氧化、抗衰老，对预防肠癌也有很好的效果。

原材料

大白菜200克，板栗10克，马蹄10克，西芹10克，胡萝卜20克，芦笋20克，素肉碎20克

调味料

盐5克，山珍精5克，白糖3克，生粉10克

做法

1. 将板栗、马蹄、西芹、胡萝卜、芦笋分别洗净，切成碎末。
2. 热锅注油，放入板栗碎、马蹄碎、胡萝卜碎、芦笋碎、素肉碎一起煸炒出香味，调入盐、山珍精、白糖，翻炒均匀，制成馅料。
3. 白菜去梗取叶，入沸水锅中汆烫至熟，捞出，沥干水分，逐个铺在案板上，包入馅料，裹紧，摆入蒸锅中，上火蒸约5分钟取出，整齐地摆入盘中。
4. 净锅上火，滴入少许橄榄油，下西芹碎略微翻炒，将生粉兑入适量清水勾成薄芡倒入锅中，煮沸，制成白汁，浇在白菜卷上即成。

高丽菜即圆白菜。德国人认为，圆白菜才是菜中之王，能治百病。西方人用圆白菜治病的『偏方』，就像中国人用萝卜治病一样常见。据《本草纲目》中记载，（高丽菜），煮食甘美，其根经冬不死，春亦有英，生命力旺盛，故被人们誉称为『不死菜』。

原材料

胡萝卜50克，素火腿50克，西芹50克，木耳50克，芝麻5克，高丽菜叶4张，姜蓉5克

调味料

盐2克，山珍精2克，白糖1克，素蚝油5毫升，淀粉1克，花椒油5毫升

做法

1. 将胡萝卜洗净，去皮，切成细丝；素火腿切丝；西芹、木耳洗净，切细丝。
2. 净锅上火注水，滴入少许明油，放入胡萝卜丝、素火腿丝、西芹丝、木耳丝，煮至沸腾，捞出沥干水分。
3. 取少许煮好的胡萝卜丝切碎，捣成蓉，装入小碟中，备用；将高丽菜叶入沸水中汆烫至软，沥水，切成长方形，宽度与素火腿丝等长。
4. 热锅上火，注入少许油，加入姜蓉爆香，放入胡萝卜丝、素火腿丝、西芹丝、木耳丝翻炒，加入盐、山珍精、白糖、素蚝油，翻炒，撒上芝麻，淋入花椒油，拌匀，制成馅料。
5. 将高丽菜叶分别铺在盘中，撒上一层馅料，卷成卷形，包紧。放入蒸锅中，以大火蒸约3分钟，取出，切成长短不一的小段，竖直摆放在盘中，成阶梯状。
6. 热锅注油，放入胡萝卜蓉，加少许水，放少许盐、山珍精、白糖，勾明芡，滴入少许花椒油，拌匀，起锅，淋在菜卷上即可。

春意盎然

清蒸竹荪芦笋

百合含有丰富的淀粉、蛋白质、脂肪及钙、磷、铁、维生素B_1、维生素B_2、维生素C等营养素，能促进和增强单核细胞系统和吞噬功能，提高机体的免疫能力，具有养心安神、润肺止咳之功，对多种癌症均有较好的防治效果，也对秋季气候干燥而引起的多种季节性疾病有一定的防治作用。竹荪与百合同煮，更是润肺止咳的佳品。

原材料

芦笋100克，竹荪20克，百合20克，枸杞5克，红椒圈5克

调味料

生粉5克，盐5克，山珍精5克，白糖3克，橄榄油5毫升

做法

1. 将百合洗净，备用；枸杞用清水浸泡至软；竹荪洗净，去头、尾后切薄片泡软。
2. 将芦笋洗净，用竹荪裹紧，整齐地摆入盘中，放入蒸锅中，蒸熟后取出。
3. 净锅上火，注入少许水，加枸杞、百合熬成白汁，调入盐、山珍精、白糖，生粉勾少许薄芡淋入锅中，略煮，出锅淋在芦笋、竹荪上，加红椒圈装饰即可。

素蒸豆腐盒

满腹经纶

XO酱诞生于20世纪80年代，主要由一些海鲜配以调味料制成。但做素食用的XO酱是用香菇、猴头菇、口蘑、素火腿、素干贝、大豆蛋白、橄榄油、盐、白糖等材料调制而成，香辣开胃，口感香醇，无论炒菜、炒面、拌面、拌凉菜、做吐司，都可以用它来调味。素XO酱在素食市场或专门的素食网店都可以买到。

原材料

豆腐100克，白灵菇50克，杏鲍菇50克，素火腿丝50克，西兰花碎5克

调味料

盐2克，山珍精2克，白糖1克，生粉2克，姜末1克，素XO酱3克，橄榄油5毫升

做法

1. 将白灵菇、杏鲍菇洗净，沥干水分后，切成丝，与素火腿丝一起放入油锅中过油，备用。
2. 豆腐切成大小均匀的长方形块，倒入油锅中过油，捞出，再进行改刀。改刀时，平刀或直刀在豆腐顶端1厘米处切一下，注意不要切断，然后将每块豆腐里面都舀空，使豆腐成带盖的盒状。
3. 将净锅上火，注少许油，放入少许姜末，爆香，倒入炸好的白灵菇丝、杏鲍菇丝、素火腿丝翻炒片刻，加入素XO酱和少许清水，翻炒至熟，调入盐、山珍精、白糖，拌匀，制成馅料。
4. 将馅料一块块放入豆腐中，尽量包住。将装好馅料的豆腐放入蒸锅中蒸制3~5分钟，取出摆盘。
5. 将净锅上火，注入少量水，将西兰花碎倒入锅中略煮，调入盐、山珍精、白糖，拌匀，兑入少许生粉，勾成薄芡，盛出淋在豆腐上即可。

淡妆素裹

姜蓉蒸腐衣卷

大师解味 沙姜粉是沙姜晒干后磨成的粉，比一般的辣椒粉味道浓烈，可诱出食物的香味，增加鲜味。

原材料

腐衣250克，沙姜粉5克，姜蓉10克，青红椒碎5克

调味料

盐5克，山珍精5克，白糖3克

做法

1. 腐衣洗净，入沸水中汆烫，捞出，沥干水分；沙姜粉兑入少许水，拌匀成糊，备用。
2. 将腐衣铺平，折叠成长方形，用刀切成长条。
3. 蒸锅上火，放入腐衣卷，淋入沙姜粉糊，将姜蓉、青红椒碎撒在腐衣上，大火蒸至腐衣熟软，加入调味料，取出摆盘即可。

元气汤羹

Healthy and Energetic — Soup

虫草花炖竹荪

澄潭照影

大师解味

素高汤本身已有味道，因此要少放盐、山珍精或蘑菇精。这道汤色泽清亮，味道清甜，是极好的滋补汤。

虫草花性质平和，不寒不燥，含有丰富的蛋白质、氨基酸以及虫草素、甘露醇、SOD、多糖类等成分，有益肝肾、补精髓、止血化痰、提高免疫力的功效。

原材料

虫草花5克，竹荪10克，素鸡10克，雪莲子5克，马蹄5克，红枣4颗，桂圆2颗，淮山5克，素高汤300毫升

调味料

盐2克，山珍精2克，白糖1克

做法

1. 将素鸡切成片，与洗净后的马蹄、雪莲子、桂圆、红枣、淮山、虫草花、竹荪依次放入炖壶中，注入素高汤。
2. 净锅上火，注入适量水，放入蒸隔，将炖壶放在蒸隔上，大火隔水蒸煮至上汽，改以中火炖制1小时以上，加入盐、山珍精、白糖调味。
3. 熄火，取出炖盅，倒出汤汁即可饮用。

如来上素

上汤娃娃菜

大师解味 娃娃菜形似大白菜，富含胡萝卜素、维生素C、钙、磷、铁等，且锌的含量极高，性微寒无毒，经常食用具有养胃生津、除烦解渴、利尿通便、清热解毒之功效。

原材料

粉丝20克，素火腿丝10克，胡萝卜丝10克，金针菇50克，娃娃菜250克，素高汤200毫升

调味料

盐、蘑菇精、白糖各少许

做法

1. 粉丝用温热水浸泡至软，洗净备用；金针菇洗净，沥干水；娃娃菜洗净，入沸水锅中汆烫至熟软，捞出沥去水分，放入汤碗中。
2. 净锅上火，注入素高汤，放入粉丝、素火腿丝、胡萝卜丝、金针菇，调入盐、蘑菇精、白糖，煮至粉丝熟软。
3. 将煮好的汤料全部盛入装有娃娃菜的汤碗中即可。

佛缘椰香锅

椰香芋头锅

大师解味 椰浆味甘性温，富含蛋白质、维生素B族、维生素C、糖类、脂肪以及镁、钾等微量元素，具有生津利水、提高机体抗病能力、杀虫消疳、驻颜美容的功效，对治疗暑热烦渴、吐泻伤津、浮肿尿少等病症有很好的效果。但体内热盛者、糖尿病患者、高血压患者、哮喘患者等需忌食。

原材料

芋头200克，南瓜50克，马蹄30克，百合10克，香芹5克，素酥肉50克，椰浆100毫升

调味料

盐8克，山珍精5克，白糖1克，橄榄油300毫升

做法

1. 百合洗净，用清水浸泡1小时以上；马蹄、芋头去皮洗净，切块；南瓜洗净，去皮切块；素酥肉切块；香芹洗净，切段。
2. 热锅注油，烧至四成热，放入芋头块过油，捞出，沥干油分。
3. 锅留底油，放入素酥肉块、南瓜块、马蹄块、百合、香芹段煸炒至熟，加入炸好的芋头块，翻炒均匀，调入盐、山珍精、白糖和椰浆，略煮，注入适量清水，煮至沸腾，转小火，略煮1分钟。
4. 将煮好的汤料全部倒入煲仔中，上桌即可。

元气汤羹
Healthy and Energetic — Soup

铁皮石斛功夫汤

仙草汤

大师解味 铁皮石斛是石斛中的极品，它因表皮呈铁绿色而得名。味甘，性微寒，含有多种微量元素，能生津养胃、滋阴清热、润肺益肾、明目壮腰，且抗衰老、延年益寿的功效极佳，被民间称为『救命仙草』。其茎能够清热生津、消炎止痛、清润喉咙，对治疗嗓音嘶哑有很好的疗效。但痰火郁结、咳嗽痰黏者不宜食用。

原材料

铁皮石斛15克，辽参5克，雪莲2克，淮山5克，素肉10克，马蹄10克，党参5克，红枣2颗，枸杞1克，素高汤300毫升

调味料

盐2克，山珍精3克，白糖2克

做法

1. 将铁皮石斛、辽参、雪莲、淮山、素肉、马蹄、党参、红枣、枸杞分别洗净，浸泡1小时左右。
2. 将泡好的食材取出，沥干水分，放入炖盅中。
3. 炖盅里注入素高汤，调入盐、山珍精、白糖，拌匀后移入蒸箱，蒸约90分钟即可取出。

茶树菇汤

五蕴汤

大师解味 桂圆是焙干后的龙眼，性平，味甘，富含葡萄糖、蔗糖、蛋白质、脂肪、维生素B、维生素C、钙、磷、铁、胆碱等营养成分，有壮阳益气、补益心脾、养血安神、润肤美容等多种功效，可治疗贫血、心悸、失眠、健忘、神经衰弱、食欲不佳及病后、产后身体虚弱等病症。

原材料

干茶树菇20克，花生5克，莲子5克，素肉10 克，桂圆5克，素高汤300毫升

调味料

盐2克，山珍精2克，白糖1克

做法

1. 将茶树菇、花生、莲子、桂圆分别洗净，浸泡1小时左右，与洗净的素肉一起放入炖盅中。
2. 炖盅里注入素高汤，调入盐、山珍精、白糖，拌匀后移入蒸箱，蒸约90分钟即可取出。

玉壶莲台

羊肚菌炖壶

大师解味 羊肚菌又称羊肚菜、羊蘑，性平味甘，含有蛋白质、脂肪、碳水化合物和7种人体必需的氨基酸，以及多种维生素、矿物质，包括具有抗氧化作用的硒和能抑制肿瘤的多糖，具有增强机体免疫力、抗疲劳、抗病毒、助消化、化痰理气等功效。

原材料

羊肚菌50克，花旗参5克，山药5克，核桃仁5克，素肉10克，素高汤300毫升

调味料

盐2克，山珍精3克，糖2克

做法

1. 将羊肚菌、花旗参、山药、核桃仁、素肉分别洗净，放入炖盅中，注入素高汤。
2. 炖盅中调入盐、山珍精、白糖，拌匀后移入蒸箱，蒸约90分钟取出即可。

元气汤羹

Healthy and Energetic — Soup

黄牛肝汤 甘露汤

大师解味 若黄牛肝菌选用新鲜的，需50克左右，但最好选用干菌，才能熬煮出味。黄牛肝菌菌体肥大，菌肉肥嫩，富含蛋白质、碳水化合物、钙、磷、铁、核黄素、尼克酸等，具有清热解燥、养血和中、追风散热、舒筋活血、补虚提神、抗流感病毒、防止感冒、增强机体免疫力等功效。黄牛肝菌还含有8种人体必需的氨基酸，以及胆碱、腐胺等生物碱，可治疗腰腿疼痛、手足麻木、四肢抽搐等病症。

原材料

干黄牛肝菌20克，党参5克，枸杞2克，素肉10克，红枣2颗，马蹄10克，灵芝5克，姜片2片，素高汤300毫升

调味料

盐2克，山珍精2克，白糖1克

做法

1. 将干黄牛肝菌、党参、枸杞、素肉、红枣、马蹄、姜片、灵芝分别洗净，放入炖盅中。
2. 炖盅里注入素高汤，调入盐、山珍精、白糖，拌匀后移入蒸箱，蒸约90分钟即可取出。

菠菜豆腐汤

碧玉清汤

大师解味 菠菜茎叶柔软滑嫩、味美色鲜，含有丰富的维生素C、维生素E、胡萝卜素、蛋白质，以及锌、钙、磷、硒等矿物质，具有抗衰老的作用，有助于防止大脑的老化，防止老年痴呆症。菠菜与豆腐同煮，虽然是好菜，但菠菜富含草酸，与豆腐钙质结合，影响钙质流失，因此烹调前最好将菠菜过水焯一下，以减少草酸含量。

原材料

菠菜200克，豆腐50克，胡萝卜10克，黑木耳10克

调味料

盐8克，蘑菇精3克，白糖1克

做法

1. 菠菜洗净，去根；豆腐洗净，切成小块；胡萝卜洗净，去皮切丝；黑木耳洗净，用清水浸泡至软。
2. 净锅上火，注入清水，烧沸后，放入豆腐、黑木耳略煮，加菠菜、胡萝卜丝，煮至沸腾，调入盐、蘑菇精、白糖，改以小火略煮入味，熄火起锅，装碗即成。

鱼水情深

素海鲜锅

原材料

素龙虾片50克，素鱼丸50克，素对虾50克，素鲍鱼30克，素海参30克，口蘑20克，香菜5克，百合10克，枸杞2克，素高汤700毫升

调味料

盐3克，山珍精2克，胡椒粉5克，白糖3克

做法

1. 将素龙虾片、素鱼丸、素对虾、素鲍鱼、素海参洗净，切片备用；口蘑洗净切丝；百合、枸杞用清水浸泡洗净；香菜洗净切末。
2. 取干净汤锅一个，放入素龙虾片、素鱼丸、素对虾、素鲍鱼、素海参、口蘑、百合、枸杞，注入素高汤，上火烧至沸腾。
3. 汤锅中调入盐、山珍精、白糖、胡椒粉，拌匀入味后，将汤锅中的汤料全部倒入小锅仔中，加少许香菜末，点上酒精灯，小火煮制即可。

大师解味 仿荤素菜所用常见的原材料除了豆类外，还有魔芋。这道菜中的素龙虾片即是魔芋制成。魔芋是一种低热能、低蛋白质、低维生素、高膳食纤维的食品，被誉为『胃肠道的清道夫』、『血液污染剂』。魔芋富含16种氨基酸及丰厚的蛋白质、脂肪、维生素A、维生素B等，还含有硒、镁、铁、钙、钾、钠、锰、铜等微量元素，营养成分极为丰富。

元气汤羹
Healthy and Energetic — Soup

番茄焖黄豆 菩提道果

大师解味 黄豆含有丰富的蛋白质、脂肪、磷酯、钙、磷、铁、钾、钠、胡萝卜素、维生素B_1、维生素B_2、维生素B_{12}、烟酸、叶酸、胆碱、大豆黄酮甙、皂甙和多种氨基酸，尤以赖氨酸含量最高，有降低胆固醇、降低血脂、提升免疫力、美白护肤、预防癌症、预防耳聋等功效，且对儿童生长发育及缺铁性贫血极为有益。

原材料

番茄1个，黄豆150克，青豆50克，素高汤500毫升

调味料

橄榄油10毫升，盐5克，蘑菇精3克，白糖2克

做法

1. 番茄洗净，去籽，切成小块；黄豆、青豆淘洗干净，浸泡1小时左右。
2. 净锅上火，注入少许橄榄油，倒入黄豆、青豆、番茄煸炒几下，加入素高汤焖煮至黄豆、青豆软烂。调入盐、蘑菇精、白糖，略煮片刻，起锅，连同汤汁一起装入汤碗中即可。

金钵传真

香芋芡实煲

大师解味 芡实性平，其味入口微涩，而后甘甜，是一种很好的中药材，含有丰富的淀粉、蛋白质、脂肪、碳水化合物、粗纤维、钙、磷、铁等营养元素，能补中益气、补脾止泻，对治疗老人脾肾虚热、婴幼儿腹泻等疾病有很好的疗效。

原材料

香芋200克，芡实50克，百合10克，香芹5克，金针菇20克，胡萝卜10克

调味料

盐8克，山珍精4克，白糖2克

做法

1. 芡实用清水淘洗干净，放入锅中，加水煮约10分钟，捞出，沥干水分，备用。
2. 百合用清水浸泡约10分钟后洗净备用；香芋洗净，去皮，切成丁；金针菇洗净，切段；香芹洗净，切成段；胡萝卜洗净，去皮，切成片。
3. 汤煲上火，放入所有备好的食材，注入适量清水，大火煮沸，调入盐、山珍精、白糖，改以中火熬制，至汤汁浓稠入味，即可熄火出锅。

西湖牛粒羹 波光粼粼

大师解味 发菜因其形状细如发丝而得名，是一种念珠藻菌，又名龙须菜、发藻、地毛等，含有丰富的蛋白质、碳水化合物、粗脂肪、磷、钙、铁等，具有清热解毒、化痰止咳、凉血明目、通便利尿等功效，对佝偻病、痢疾、高血压、气管炎等多种疾病都有一定疗效。

原材料

豆腐150克，素牛肉碎100克，发菜5克，香芹少许

调味料

盐8克，山珍精5克，白糖3克

做法

1. 将豆腐洗净，切成小块；香芹洗净，切末，备用；发菜用清水浸泡1分钟左右。
2. 汤锅上火，注入清水，放入豆腐、素牛肉碎、发菜，煮至沸腾，调入盐、山珍精、白糖，轻轻拌匀，改以小火略煮半分钟，熄火出锅，撒上香芹末即可。

饭菜一钵

香椿炒饭

原材料

白米饭1碗，玉米粒10克，卷心菜10克，胡萝卜10克，青椒10克，素火腿20克，素肉松10克，紫菜少许

调味料

香椿酱5克，盐2克，山珍精3克，白糖1克，橄榄油5毫升

做法

1. 将玉米粒淘洗干净，沥干水分；卷心菜取叶洗净，切成丝；胡萝卜去皮洗净，切成小丁；青椒洗净后切成碎；素火腿切丁，备用。
2. 净锅上火，注入橄榄油，放入切好的卷心菜丝、胡萝卜丁、青椒碎、素火腿丁和玉米粒，翻炒至熟，加入白米饭，调入香椿酱、盐、山珍精、白糖，翻炒均匀。临起锅时，将紫菜撕碎，撒入炒饭中，拌匀起锅装碗，撒上素肉松即可。

大师解味 香椿酱一般咸味较浓，因此炒饭时可少放一点盐。香椿酱可自制，做法也比较简单：选用鲜嫩的香椿叶50克，洗净后挤干水分，切成碎末，放入果汁机中，加适量盐，一起搅打成糊，装入干燥容器中，加入一大匙橄榄油，拌匀，可立即使用，也可冷藏备用。

番茄酱炒饭 佛心相印

大师解味

『佛心相印』造型美观，意蕴丰富，与家常的番茄酱炒饭类似，但加入素肉松后，口感更丰富，味道更鲜美。

原材料

白米饭1碗，玉米粒20克，青、红椒各少许，卷心菜50克，素肉松10克

调味料

番茄酱5克，盐5克，山珍精3克，白糖1克，橄榄油6毫升

做法

1. 将卷心菜洗净，切丝，入沸水锅中汆烫至熟，捞出，沥干水分，备用；玉米粒洗净，捞出，沥干水分；青红椒洗净，切碎。
2. 净锅上火，注入少许橄榄油，放入素肉松炒香，加少许盐、山珍精，炒匀后盛出备用。
3. 热锅注油，放入玉米粒、青红椒碎煸炒至熟，加入白米饭翻炒，调入番茄酱、盐、山珍精、白糖，翻炒出香味，起锅，压入心形模具中。
4. 取一个心形纸盘摆入瓷盘中，在纸盘上铺一层烫熟的卷心菜丝，将心形模具倒扣在纸盘上，上桌前取出模具，在炒饭上撒上一层素肉松即可。

罗汉面 什酱面

大师解味 面条可根据自己的喜好选择，宽面、细面、圆面、一番拉面、兰州拉面、龙须面等等都可以，没有特别要求。

原材料

面条150克，黄瓜20克，花生仁20克，素高汤适量

调味料

北方大酱20克，盐3克，山珍精3克

做法

1. 黄瓜洗净，切成细丝；花生仁切碎备用。
2. 面条放入沸水锅中，调入盐、山珍精，煮熟后捞出，盛入碗中，注入适量素高汤，刚好淹没面条即可。
3. 面碗中加入北方大酱和切好的黄瓜丝，撒上花生仁碎即可。

三鲜竹菌面 九品莲台

大师解味 三花淡奶是由高质量的新鲜牛奶蒸馏浓缩制成，无糖，且易消化，口感爽滑细嫩，常用来调制甜品、咖啡、奶茶等饮品，也是制作各种菜肴、汤羹和点心的理想调料。

原材料

面条150克，香菇20克，秀珍菇20克，素腊肠50克，紫菜5克，芥蓝20克，素高汤适量

调味料

三花淡奶5毫升，盐5克，山珍精5克

做法

1. 将香菇、秀珍菇洗净，切丝；素腊肠洗净，斜刀切成片；芥蓝洗净，烫熟；紫菜切丝，备用。
2. 汤锅上火，注入适量清水，煮沸后，放入面条煮至沸腾，依次加入香菇、秀珍菇、素腊肠，调入盐、山珍精和三花淡奶，煮至入味，加入紫菜丝，起锅装碗，注入适量素高汤，摆放上芥蓝即可。

无极炒面

蔬菜炒面

大师解味 油面因为揉面团时使用碱水，故呈黄色。油面口感滑韧，不易黏结，适合炒，也适合做凉面。油面属于熟面，所以只需先用开水冲洗干净，再略微烫熟即可食用或烹调。

原材料

油面150克，卷心菜10克，胡萝卜10克，素火腿10克，鲜冬菇5克，香芹5克

调味料

盐5克，蘑菇精5克，白糖2克，素蚝油5毫升，橄榄油5毫升

做法

1. 将卷心菜洗净，切丝；胡萝卜去皮，洗净，切丝；香芹洗净，切段；鲜冬菇洗净，用清水浸泡10分钟左右，切丝；素火腿洗净，切成丝；油面煮至七分熟，过凉水沥干备用。
2. 净锅上火，注入橄榄油，放入卷心菜丝、胡萝卜丝、素火腿丝、冬菇片、香芹段爆香，倒入油面一起翻炒，调入盐、蘑菇精、白糖、素蚝油，翻炒至入味即可。

妙味素点

Exquisite and Toothsome Vegetarian Dim Sum

绿茶包 晨光佛珠

大师解味 翡翠茶包蒸的时候一定要用冷水来蒸，关火后要让包子在锅里虚蒸（关火后仍将蒸锅置于炉灶上，以余热蒸制）3分钟后才能开盖取出。

绿茶粉能最大限度地保持茶叶原有的天然绿色及营养、药理成分，具有良好的抗氧化和镇静作用，在美白养颜、减轻疲劳、解压提神、缓解便秘、瘦身美体等方面有积极的效果。

原材料

面粉250克，干酵母8克，绿茶粉8克，芝麻150克

调味料

橄榄油20毫升，白糖100克

做法

1. 将白糖兑入适量水，用筷子搅拌至溶解；干酵母兑水后静置5分钟。
2. 将糖水、酵母、橄榄油、50克白糖、绿茶粉、面粉放入料理盆中，用筷子拌匀制成面团，倒在案板上用手搓揉25分钟，放入大容器里，发酵至原面团的2倍大。
3. 将洗净的芝麻放入炒锅中，用文火炒熟。将炒好的芝麻捻碎，与50克白糖混合拌匀，即成馅料。
4. 取出发酵好的面团揉成长条形，分割成10份，滚圆后静置15分钟。
5. 将圆面团擀成薄片，包入馅料，收口向下，成型，盖上保鲜膜，发酵约40分钟后，放入锅笼中大火蒸10分钟左右。

青瓜烙 大地回春

大师解味 青瓜含有丰富的水分、维生素B、维生素E、葫芦素C、黄瓜酶等营养元素，具有提高人体免疫功能、有效促进新陈代谢、降低血糖和胆固醇、抗肿瘤、抗衰老、延年益寿等功效，同时对改善大脑和神经系统功能、安神定志、治疗失眠症等也有良好的辅助效果。

原材料

青瓜300克

调味料

生粉200克，盐5克，山珍精5克，白糖4克，橄榄油15毫升

做法

1. 青瓜洗净，去皮，切成丝，与生粉、盐、山珍精、白糖混合，搅拌均匀。
2. 平底锅上火，注入适量橄榄油，烧至五成热，倒入拌好的青瓜，摊平，中火煎至青瓜烙两面熟透，起锅，切成三角形，摆盘即可。

香煎素饺 月色无边

原材料
素馅饺子200克

调味料
橄榄油20毫升

做法
1. 蒸锅上火，放入素馅饺子，蒸熟后取出。
2. 平底锅上火，注入适量橄榄油，烧热后改以小火，逐个放入蒸好的饺子，煎至饺子底面金黄干脆且有锅巴后，将饺子翻转至其他各面，略微煎制片刻（不必煎出锅巴），即可起锅装盘。

大师解味 饺子素馅（一）：粉丝、青菜、鲜冬菇、鸡腿菇、干香菇、姜末、香油各适量。将粉丝、干香菇泡软切丁；青菜切末，拌入香油；鸡腿菇、鲜冬菇切丁略微翻炒。再将全部材料混合，加盐、胡椒粉、蘑菇精拌匀，即成馅料。

日月同辉

煎饺南瓜饼拼盘

大师解味 饺子素馅（2）：四季豆、胡萝卜、茶树菇、金针菇、香菇、木耳、粉丝各适量。将四季豆、胡萝卜焯水捞出沥干水分、切碎；茶树菇、金针菇、香菇、木耳、粉丝分别切末。再将全部材料混合，加盐、蘑菇精、胡椒粉、香油拌匀，即成馅料。

原材料

素馅饺子6个，南瓜饼6个

调味料

橄榄油50毫升

做法

1. 将素馅饺子按“香煎蒸饺”的方法煎好，南瓜饼按本书148页“佛印饼”的方法煎好。
2. 将煎饺与南瓜饼逐个相间摆放进盘中即可。

大师解味 水晶面团的制作方法如下：取一只汤锅，注入大量清水，上火烧沸后，以小火保持开水微沸。将澄面、生粉分别过筛，取筛好的面粉放入盆中，加少许冷水一同搅拌成粉浆。注盆中注入大量沸水，同时不断搅拌，将粉浆烫熟。将烫熟的面团放置案板上，取适量澄面、生粉加入熟面团中，充分揉制，加入少许橄榄油搓滑、搓透，即成水晶面团。

大肚弥勒

水晶韭菜蒸饺

原材料

水晶面团500克，鲜韭菜300克，冬菇100克

调味料

盐少许，橄榄油适量

做法

1. 将韭菜择洗干净，去黄叶，切成小段；冬菇泡发后切成粒。将韭菜段与冬菇粒加盐拌匀成馅料，水晶面团下剂子，擀成若干中间稍厚边缘稍薄的圆形面皮。
2. 将圆形面皮放置左手上，上馅。将饺皮对折成半圆形，捏成麦穗形花纹的饺子。
3. 将包好的饺子放入蒸笼中，蒸约5分钟即可取出食用。

芙蕖甜品
Pure and Beautiful — Dessert

大师解味

哈密瓜性寒味甘，富含蛋白质、膳食纤维、胡萝卜素、果胶、糖类、维生素A、维生素B、维生素C、磷、钠、钾等营养元素，对人体造血机能有显著的促进作用，可用来作为贫血的食疗食物，并对尿路感染、口鼻生疮等症状都有治疗之效，并且能清凉消暑，除烦热，生津止渴，是夏季解暑的佳品。

清炒百合哈密瓜球

一帆风顺

原材料

哈密瓜半个，百合10克，夏威夷果20克，小番茄20克，日本小青瓜10克，芦笋10克，胡萝卜1根，竹签1根

调味料

橄榄油5毫升，盐2克

做法

1. 将哈密瓜去籽，用挖球器将瓜肉挖成一个个小球形，挖空后，将皮制成哈密瓜船；百合用水浸泡洗净；夏威夷果去壳取肉；小番茄洗净，逐个分切成两半；小青瓜洗净，切块；芦笋洗净，斜切成段；胡萝卜洗净，对半切开，刮下薄薄的一片，修整成长方形片，备用。
2. 热锅注油，倒入哈密瓜球、夏威夷果、小番茄、小青瓜、芦笋，翻炒约1分钟，捞出，倒入哈密瓜船中。
3. 将胡萝卜薄片用竹签穿起来，插在哈密瓜船头即成。

甘薯香芋球如意圆

大师解味 香芋又称地栗子，与芋头有别。香芋营养丰富，富含蛋白质、碳水化合物、钙、磷、粗蛋白、淀粉、聚糖、粗纤维等，长期食用，能散积理气、解毒补脾、清热镇咳、增强免疫机制、增加抵抗力，特别适合身体虚弱者食用。但体质过敏（荨麻疹、湿疹、哮喘、过敏性鼻炎）、小儿食滞、胃纳欠佳、以及糖尿病等患者应少食。

原材料

甘薯100克，香芋200克，芭蕉叶1大张

调味料

沙律酱150克，橄榄油500毫升

做法

1. 将甘薯洗净，去皮，切成极细的丝；香芋洗净去皮，入锅蒸至熟烂，捣成泥；芭蕉叶过水，沥干备用。
2. 将香芋泥拌匀，捏成一个个大小适中的香芋丸子。
3. 热锅注油，烧至四成热，放入香芋丸子，炸至色泽金黄后捞出。甘薯丝放入锅中，炸至金黄，捞出备用。
4. 香芋丸子裹上沙律酱，沾上甘薯丝，放在芭蕉叶上，装盘即可。

榴莲酥

莲瓣酥

大师解味 榴莲酥香味浓郁，口感柔软，香酥爽滑。榴莲被称为『水果之王』，其营养价值极高，不仅果肉能吃，果皮、果核都极具营养价值和药用价值，经常食用可以强身健体、健脾补气、补肾壮阳、活血散寒、缓解经痛，特别适合受痛经困扰的女性食用。另外，榴莲还能改善腹部寒凉、促进体温上升，是寒性体质者的理想补品。

原材料

榴莲150克，芋头300克

调味料

橄榄油500毫升，生粉50克，白糖少许

做法

1. 将榴莲去壳，取肉切成块；芋头洗净去皮，切成丝；生粉装入容器中，兑入适量水、白糖，调成糊状。
2. 将榴莲肉逐个放入生粉糊中上浆，再沾上一层芋丝。
3. 热锅注油，烧至四成热，放入沾好芋丝的榴莲肉，炸至芋丝酥脆成型，捞出控油，装盘即可。

南瓜饼 佛印饼

大师解味 南瓜有降血糖的功能，是治疗糖尿病、高血压、动脉粥样硬化的食疗良药，同时可以吸附并清除体内有害物质，如重金属和放射性物质等，还可预防前列腺增生。

原材料

南瓜250克，糯米粉50克，奶粉25克，豆沙馅50克

调味料

白砂糖20克，橄榄油20毫升

做法

1. 将南瓜去皮，洗净，切片，上笼蒸至熟烂后取出，趁热加糯米粉、奶粉、白砂糖，拌匀，和成南瓜饼皮坯。
2. 豆沙搓成圆的馅心，取南瓜饼坯搓包上馅，压成圆饼，放入印花模子中印上花纹后，扣出，放入蒸锅中蒸约5分钟。
3. 平底锅注油，烧至四成热时，放入南瓜饼，用小火煎至饼面金黄即可。

香芋球

功德圆满

大师解味 香芋球炸过后，不要将油分沥得太干，需留少量油分在香芋球上，否则芝麻黑豆粉或干芝麻糊不易裹得牢固。

原材料

香芋250克，芝麻黑豆粉或干芝麻糊150克

调味料

橄榄油300毫升

做法

1. 香芋洗净去皮，放入蒸锅中，蒸至熟烂后取出。
2. 将蒸好的香芋捣烂成泥，拌匀，捏成大小均匀的香芋球。
3. 净锅上火，注入橄榄油，烧至四成热后，放入香芋球，炸至香芋表面呈金黄色。
4. 将香芋球捞出，略微沥一下油后，逐个裹上芝麻黑豆粉或干芝麻糊，装盘即可。

苹果烙 欢喜平安

原材料

苹果1个

调味料

干淀粉20克，橄榄油300毫升，七彩糖针少许

做法

1. 苹果洗净切丝，拌入干淀粉。
2. 热锅注油，放入苹果丝烙成饼。
3. 将苹果烙均切成三角形，摆盘，撒上七彩糖针装饰即可。

大师解味

做这道菜时，油锅必须经过三至四次热油和净锅（锅烧热后，注入油，烧至微热时，倒出油，再重复上述动作），保证锅内干净和油的纯度，否则炸出的苹果会呈黑色，不够鲜亮。

苹果富含钙、锌、钾、维生素C等，具有降低胆固醇、降血压、预防癌症、强化骨骼、抗氧化、治疗失眠、美容等功效。这道菜不仅保持了苹果的香脆口感，还增加了橄榄油的营养，帮助肠道吸收，脆而不干，油而不腻。

腰果露 金池玉露

大师解味 滋味腰果露幼滑可口，营养丰富。腰果富含脂肪、碳水化合物和蛋白质，有补脑养血、健脾止渴的功效，可生吃、炒食或油炸。制作这道滋味腰果露时，也可将腰果放入烘焙机中，以180℃烘焙10分钟，烘至腰果略呈金黄色后再放入机器中搅打成糊，这样做出来的腰果露更香更健康。

原材料

腰果仁200克，80℃左右的开水600毫升

调味料

白糖5克，芝士少许

做法

1. 将腰果仁洗净，用清水浸泡5小时以上。
2. 将泡好的腰果放入豆浆机或食物调理机中，加入热水，调入白糖，搅打成糊状，过滤掉杂质，装入杯中。
3. 在腰果露表面淋上少许芝士，呈螺旋状即可。

雪莲南瓜羹

佛渡慈航

大师解味 雪莲自古以来就是十分名贵的稀有药用植物，性温、味微苦，含有蛋白质、维生素C、氨基酸、黄酮类化合物、生物碱等成分，能软化血管、防止衰老、祛皱消脂、促进血液循环，具有清肝明目、驱风散寒、补血暖宫、化痰生津、止痛解毒、活血通经、美容养颜和扩张冠状动脉等功效，能有效地预防、抵抗癌症，对心脑血管系统疾病、风湿关节炎、腰腿疼痛等都有极好的疗效。我们现在能买到的雪莲花多是干制品，烹制的时候需要浸泡一段时间，再连花带水一起烹煮，才能让雪莲花味尽现，营养不致流失。

原材料

雪莲花1朵，百合2克，南瓜200克，芝士10克

调味料

盐5克

做法

1. 将百合洗净，备用；南瓜洗净，去皮、瓤，切片；雪莲花略微清洗一下，取少量清水，将洗好的雪莲放入其中，浸泡10分钟左右，备用。
2. 将南瓜片、百合、雪莲及浸泡雪莲的水一起放入蒸锅中，蒸至南瓜熟烂。
3. 取出蒸好的南瓜、百合、雪莲，挤压成蓉，放入汤锅中，加适量清水熬煮成羹，调入少许盐，拌匀后，熄火，起锅，装碗，调入芝士，拌匀即可。

图书在版编目(CIP)数据

禅味斋宴 / 马超伟主编. -- 成都 : 四川科学技术出版社, 2013.11

ISBN 978-7-5364-7727-8

Ⅰ. ①禅… Ⅱ. ①马… Ⅲ. ①素菜—菜谱 Ⅳ. ①TS972.123

中国版本图书馆CIP数据核字(2013)第209636号

禅味斋宴

出 品 人	钱丹凝
编 著 者	马超伟
责任编辑	李 红
封面设计	中映良品（0755）26740502
责任出版	周红君
出版发行	四川出版集团 • 四川科学技术出版社 地址：四川省成都市三洞桥路12号　邮政编码：610031 网址：www.sckjs.com　传真：028-87734039
成品尺寸	230mm×170mm
印　　张	10
字　　数	180
印　　刷	深圳市华信图文印务有限公司
版次/印次	2013年12月第1版　2013年12月第1次印刷
定　　价	39.80元

ISBN 978-7-5364-7727-8

本社发行部邮购组地址：四川省成都市三洞桥路12号

电话：028-87734035　　邮政编码：610031